U unique

U unique

U
unique

U
unique

情緒經濟時代

如何打造人見人愛的商業模式

凱爾・MK 著
陳重亨 譯

THE ECONOMICS OF EMOTION

How to Build a Business Everyone Will Love

獻給媽媽——

雖然您來不及看它完成，

但我的每一步都有您的陪伴。

For Mom,

You weren't here to see it finished, but you were with me every step of the way.

目錄

PART I 人性簡史 A BRIEF HISTORY

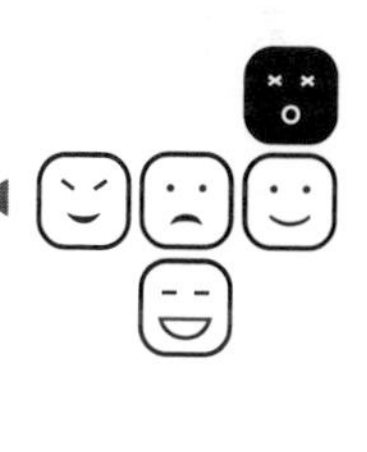

推薦序

人性化體驗時代，這本書絕對不能錯過

知名企管顧問&臨床心理學博士　周鉦翔

這是一本非常值得推薦的好書；而且，非常建議企業可以送給自家經理人。

凱爾不只談「情緒經驗」如何影響到銷售，更論及公司核心價值、產品定位、服務設計、領導管理、關係經營與團隊建立多個環節。同時，凱爾從心理學、腦神經科學出發，

在淺顯易懂的個人經驗鋪陳下，透過一個又一個動人故事，跟我們分享他如何善用「情緒經驗」，在上述各個環節創造了出乎意料的效果。重點是，還言簡意賅地跟我們分享每個步驟的具體作法，這樣一本理論、實務兼具的書籍，我實在想不到理由不推薦這本書。

在此分享一段我個人如何透過「情緒經驗」，協助公司建立核心價值

與新人向心力的故事。

工作需要，我常常需要協助企業建立其組織文化。這間公司是一間連鎖餐飲業，已經度過了「我要活下去」的新創階段（過去我們稱為草創期），副總看著公司員工的來來去去，深知企業人才是公司永續經營的關鍵，但餐飲業員工離職率一直都很高，甚至還有所謂的蜜月期，希望我可以協助改善。我的習慣是到了現場，透過現場觀察與資料收集，步驟與程序的實際操作，才能真的帶來效果。

這是一家，內外場、前線後勤與管理處組織架構很嚴謹的企業，而且員工升遷制度完善，遊戲規則講得明明白白的企業。整體來說，軟硬體幾乎都已經到位，這在台灣、在餐飲業都是很少見的。那麼，要讓員工留下來，增加向心力，甚至每位皆成為公司品牌代言人，勢必要有許多不同以往的作法。

改變公司文化，從遴選新人開始

我從調整新人應徵的流程與細部規畫著手。舉例來說，新人應徵的時候，清楚地告知需要等待的時間要多久。這段時間若有任何想法，隨時讓我們知道，我們喜歡直接互動、透明溝通，跟夥伴與顧客保持直接、雙向、多元互動，一直是我們公司相信的價值。透過降低應徵者等待的焦慮情緒，同時保持良善互動、友善關係，藉此也讓應徵者知道這便是公司的核心價值。我相信，應徵者會感受到公司的溫度，事實也證明，後來進來的應徵者，定著率提高許多，服務期間大大拉長，甚至很多現在已經是該企業的中堅分子。而這些夥伴，不只一次提到這是第一次有企業這麼看重他們的感受與想法，在還沒有成為正式員工之前，便感受到溫度與善意，後來他們用這樣的方式帶領新人，出現了意外的善的循環。

刻意安排的見面會，也是在新人報到日設計的巧思。「新人報到」通常是既緊張又興奮的，當然也有人是抱著擔心害怕而來。大部分的公司是非常制式化的，我們忽略了新人的感受，而我看見了這樣的現象。當時，我直接到有新人報到的據點，要求所有當班時段的夥伴配合我的建議。我實際示範如何接待新人，要求所有當班時段的夥伴，調整一下個人身體姿勢，拉著新人的手，正視新人，做個人自我介紹，同時說明個人執掌，同時鼓勵新人未來在這項業務有任何想法，歡迎找我討論。同時，我跟店經理說，今天新人只上半天班，即使是兼職也是如此，我們邀請新人接受我們的招待，好好的享受客人的感覺（當然，這邊不收費）。接著，隔天上班我還是帶著店經理、值班經理跟新人一起討論分享昨天顧客體驗，並邀請新人分享我們可以怎麼做會更好。

在這樣的過程中，同時協助新人認識我們的服務流程、顧客體驗、我們的堅持、我們的服務溫度等等。藉著親身感受進行學習記憶，永遠比一堆條文規範來的快速有效，而且新人會更知道原來公司就是這樣的一個存在，體驗的同時，也會更想達到這樣的表現，也就順勢更融入這個家庭。當然，也有可能被大量工作量嚇到而離開的，這表示新人對職務預期與個人認知是有落差的，或許其他地方會更適合這位新人。總歸來說，留任的新人，普遍認同感與承諾感皆高於過往新人。

這樣的實務操作經驗，在我擔任顧問、教練與講師這段日子有很多，便不再多加贅述。但過程中都不脫離情緒經驗的應用，好情緒留下來再強化，壞情緒適度調整、有效梳理；避免我們的對象，可能是工作夥伴或顧客在腦中建立「自動化負面情緒連鎖反應」，這會導致更多非理性行動，實非我們的初衷。

人性化體驗（HX），其實，便是情緒體驗

這幾年業界風靡討論使用者經驗（UX），站在產品的設計端貼心地去思考與設計消費者的最優化體驗；後來又漸漸地轉到了顧客體驗（CX），我們開始走入群眾，去了解、去認識顧客輪廓。近幾年，大家開始回歸到更重要的一個元素的思考——人性化體驗（HX），也就是站在人性基礎上去思考產品設計、服務流程、溝通協作等。人性化體驗，談的其實便是情緒經驗在所有的決策與行動流程中扮演的角色。

回想一下，這段「每天辛苦工作，好不容易下班之後」的個人經驗：

大家還記得嗎？當你忙了一天，下班後到了星巴克，點了一杯大熱拿外帶，你沒有太多想法只是等待。當你拿到了咖啡，喝了一口的同時，發現杯子上畫了一個笑臉，加上一句鼓勵你的話「今天辛苦了，我們一起加油喲！」這段「被服務的體驗」絕對會在你的心上加分，帶來濃濃的溫度與幸福感。就是這段體驗絕對會帶來許多想像不到的行動，至少星巴克的經驗便是如此。

如果你對人性化體驗、情緒體驗想要更認識，想要知道我協助企業轉型的過程中做了什麼事情。這本書，絕對是二〇二一年你不能放、絕對要入手的好書。

推薦序

所有設計的原點與終點都是情緒體驗

李奧貝納集團執行長暨大中華區總裁 黃麗燕

對於廣告人來說，我們每天都圍繞著品牌所帶給消費者的情緒，因為我們深刻地了解到情緒才是品牌體驗的記憶關鍵，一個正向的品牌情緒回憶，遠比理性的產品回憶能夠影響消費者更深更久。在過去，廣告行銷產業談了很多關於User Experience、Customer Experience，這裡最重要的是品牌如何去管理體驗中的情緒經驗，因為這也正是人性的真實感受所在。

營造情緒不只是戰術，更要上升到戰略高度

作者在書中提到五加一種的主要情緒，包含了歡樂、悲傷、憤怒、恐懼、厭惡和驚訝，乍看之下只有歡樂是正向的情緒，然而在商業運行的世

界中，往往是情緒設計和情緒訴求的正負交叉組合。真正厲害的高手，能夠讓消費者情緒經驗或是讓覺察到的情緒反應進入消費者的長期記憶並且形塑品牌認知，最後成為一種驅動行為的心理訊號，也因為消費者想要趨避、釋放某一種負向情緒或是渴望正向情緒而產生對於品牌的強連結。

然而情緒的策略運用與管理並不是只有停留在戰術的層次上面，就如同書中作者所舉的迪士尼為例，「營造消費者的情緒」絕對是可以上升到企業與品牌的戰略高度來思考，一個品牌的使命當然也可以緊密地與情緒有高度關聯。以Netflix為例，他的使命是To entertain the world！帶給世界更多的娛樂，都是隱含著情緒的設計本質在企業與品牌的高度戰略之中。

情感設計是讓產品成功的新方向

前蘋果電腦副總裁唐納．諾曼（Donald A. Norman）在《情感@設計》中指出「我真的覺得令人愉悅的產品用起來比較有趣。」他甚至於在十多年前在TED的演講上就引領趨勢地分享：「情感設計是讓產品成功的新方向。」情緒經濟也能完美解釋「為什麼有些產品歷久不衰，受到人們愛戴？」是因為這些產品或是服務在設計的呈現具備了美感，讓消費者在使用的時候產生愉悅的感覺，進而一直想要使用它。

台灣在上一個世代培養的設計人才，可能由於發展與文化等脈絡背景，通常只會考慮到產品的功能，比較少考慮到使用者的情緒，以及產品的體驗。一如諾曼提醒我們的感性思維：「易使用」與「使用者情緒」才是好設計的關鍵。

對於台灣的中小企業品牌主來說，學習設計與規畫品牌中的情緒策略是一門必須急起直追的品牌建構的專業，從過去的製造到現在的體驗，再從產品的體驗走到情緒的設計，要如何讓產品使用和體驗情緒能夠連結，形成品牌的價值和存在的意義？惟有我們找到消費者真正的洞察與對消費者的同理，並真實地理解到使用的場景，才能夠讓品牌的情緒設計更上層樓，讓品牌在情緒經濟的時代中，掌握感性深層情緒的連結。

因此，我們應該更鼓勵設計團隊有意識地把注意力從產品的表現互動延伸到情感層面的情緒互動點。而這種從外而內的轉變核心在於設計的原點已經轉變為設計使用者和品牌之間的情感聯繫，產品不再是唯一的存在，圍繞品牌產生的所有體驗接觸點都將成為提升整體體驗的場景。所以設計的原點與終點都是體驗。

推薦序

在商言商之餘，不妨感情用事一點

《經理人月刊》總編輯 齊立文

早在一九九五年，哈佛大學心理學博士丹尼爾．高曼（Danial Goleman）就在其經典著作《EQ》裡，說明了情商（emotional intelligence）對於人們在學術、專業、社交、人際互動上取得成功的重要性，比起智商（intelligence quotient）絲毫不遜色，甚至影響更甚。

如果說《EQ》談的是情感、情緒在個人生活與工作中所扮演的角色，不妨將本書當作是企業版的《EQ》，深入思考情感、情緒如何在企業文化、人才招募培育、領導統御、員工投入及顧客忠誠等商業面向發揮效應。

自以為理性的感性人

在行為經濟學的揭示下，我們漸漸承認，人雖然宣稱或冀望自己是理性的經濟人，但是更多時候其實是情感用事的動物，言行舉止都受到情緒左右。

試想這樣一天的生活。早上被鬧鐘叫醒，想到要上班就意興闌珊，因為最近工作表現欠佳老是被主管挑毛病、公然責罵，讓你在同事面前覺得尷尬丟人。中午出去買午餐吃，等了半小時，一經詢問才發現店員忘了你的點餐，心中怒火襲來，氣到飯也不想吃了。下午三點，你結束會議，回到座位，發現桌上有一杯咖啡，杯上貼著的便利貼寫著：開心一點，一切都會變好的。隔壁同事給的小驚喜，讓你有些感動，突然又不覺得自己的一切都很糟糕了。

從這樣尋常的片段可以看出，我們的生活是如何與組織和個人緊密交織，即使你自認為工作說穿了只是領多少錢、做多少事；商業活動不過是金錢交易；人際往來充其量也是利益算計，但是只要誠實面對，這當中無一不是伴隨著喜怒哀樂、酸甜苦辣。

我很喜歡書中的一句戴爾．卡內基（Dale Carnegie）的引言，或許也最足以說明全書的宗旨：「與人相處時，千萬不要忘了，你應付的是情緒動物，不是邏輯動物。」

先講為什麼，再談做什麼

我們都知道，身為主管的你，羞辱了部屬之後，可能會告訴對方，我只是對事不對人，請理性看待批評和意見回饋，但是傷口癒合了還是有疤，這就是情緒動物。

我們也都知道，其實蘋果手機和其他品牌的手機相比，功能或效能未必樣樣第一，但是第一支智慧型手機就挑選了蘋果的我，每當要更換手機時，就會自動把購入時間設在蘋果公司的新機發布後，完全沒有比較或考慮他牌。就算我為自己的「非理性」列舉出很多「理性」論點（例如美感、介面順暢、簡約、習慣等等），我清楚知道我已經成為「莫名所以」

的蘋果忠誠客戶了。

拿蘋果這個品牌當例子，除了因為作者曾經在蘋果商店工作，所以書裡也屢屢提到蘋果及其創辦人史蒂夫．賈伯斯的領導風格（高績效的混蛋？）之外，也因為作者的部分觀點，與暢銷書作家賽門．西奈克（Simon Sinek）的黃金圈理論（Golden Circle）相近，書中也多處談及。

在《先問，為什麼？》書裡，西奈克指出，公司說穿了就是架構和人，蘋果和其他企業都生產產品、都有優秀人才，都在進行著「產銷人發財」的組織功能，但是「真正吸引人們購買的，不是『你是做什麼的』，而是『你為什麼這麼做』。」

進一步解釋就是，技術已經進步到所有產品都差不多好用、夠用了，大家願意為特定品牌支付溢價、漏夜等候，這種超乎價格的「愛」，源自於顧客深信品牌所傳達的價值和理想。如同賈伯斯所說，「要先把握住客戶體驗，再回頭去發展技術，不能反過來。」

理解人的情緒，真正以人為本

我在《你要如何衡量你的人生？》書裡，讀過一個故事，印象很深刻。作者克雷頓．克里斯汀生（Clayton Christensen）是哈佛商學院教授，也和朋友一起創業。在某次的公司家庭日裡，他看見一位女性同事和先生小孩的互動，發現在卸下科學家的職務後，「在她家裡，她是一位母親、一位妻子；她的情緒、幸福感以及她的自我價值，都對這個家有著極大的影響。」

在商業世界裡，我們經常受到「在商言商」「就事論事」的思維框限，有時候甚至以為，不帶感情是一種專業表現。然而，人的生活有很多面向，人的情緒有很多層次（書中提出了五種核心情緒：憤怒、恐懼、歡樂、厭惡、悲傷），當我們戴上「情緒」的眼鏡看世界，會發現無論在家庭、生活、工作、商場，情緒幾乎無時無刻不左右我們的心情和決定。

如同義大利經濟學者帕列托（Vilfredo Pareto）在超過一個世紀之前所說，「政治經濟學的基礎，或者從更廣義的層面來說，每門社會科學的基礎顯然都是心理學。有朝一日，我們肯定能從心理學原理推導出社會科學的規律。」

透過這本書，或許我們可以在商業思維之外，試著「感情用事」一點，說不定減少員工、顧客的憤怒、恐懼、厭惡、悲傷，多帶給員工、顧客幾分歡樂，甚或偶一為之的驚喜，將帶來意想不到的商業價值。

前言

這是一本不一樣的商業書

各位要是讀過很多商業書，就會發現這一本不太一樣。這一切是從我幾年前的一個發現開始：

企業都是由人組成，大多數企業也都是為人提供服務。我們每天和各種產品和服務互動，這些也都是人創造出來的。有些人幫你架床安枕，有些人幫你舖好地板，做得既舒適又安全，有人幫你安裝浴室的門、製造各種奇形怪狀的牙刷、我們的電話、大家最愛的天氣APP、我們的咖啡機、汽車、道路、辦公大樓鑰匙卡、電腦、工作使用的各種工具，甚至我們的工作環境，這些全部都是某些人為另一些人精心設計和打造。

商業對人類體驗也不可避免地帶來巨大影響，因為對現代人的日常經驗來說，商業構成其中非常大的一部分，每天都有高達幾百億、幾千億的商業互動在運轉。

各位可以想像一下，要是你的床太暖，每晚睡得滿頭大汗；地板吱吱作響，每踩一步都要發出奇怪叫聲；刷完牙後，滿嘴的刷毛；手機充電一整晚也充不到滿格；天氣APP沒反應，咖啡機不動，連汽車也發不動；鑰匙卡刷了好幾下還進不了門；電腦操作程式更新花了兩個小時還搞不定；或者是辦公室總是太冷！碰上這些爛事，每次短短的互動都會帶來嚴重的情緒困擾，甚至影響到一整天的心情。

那麼，我們的商業設計如果不以產品功能特性為主，而是針對使用者的感受呢？這樣會不會讓我們的體驗變得更好？

情緒的力量

我發現我們不管做什麼，無論是偉大或渺小，也不管是好是壞、個人或非個人，人性情緒都是我們所有行為的基礎。我們可以說，是人性情緒發射了火箭、建立了國家、發明新技術、創造整個社會。這本書要談的就是人類的情感，亦即情緒，我希望我這一生都能探索更多理解彼此、締造友好合作的新方式，為人類長期生存和整體的成功做出重大貢獻。對於提升全球人類的同情與憐憫，我認為研究人類如何運用及回應情緒，正是其中的關鍵。

這也是一本討論商業運作的書，因為在商業之中即包含我們在合作與相互服務上一些最傑出的表現方式。我要藉著這本書和大家分享一些我和全球最具指標性的企業合作，以及我自己研究而學到的心得，例如蘋果、迪士尼和麗思卡爾頓飯店集團（The Ritz-Carlton）等。這些公司都成功地為廣大消費者創造快樂幸福，吸引許多熱情粉絲和忠誠員工，在各自產業領域維持領先地位。它們正是成功運用情緒才能做到這一點，我也希望教會大家如何運用。

設定期望

各位讀到後面章節就會知道，我真的很喜歡設定期望目標。我認為設定期望目標以後，就能提供助跑的方向，為我們即將展開的路程做好情緒上或其他方面的準備。所以現在讓我先解釋一下這本書的安排設定。

第一部 ▸ PART 1

時機就是一切。我媽媽一向認為（這本書就是獻給她的）任何事情發生都是有原因的。她並非太過沉迷宗教或盲信命運，而是認為無論好或壞的經歷，都會讓我們在面對未來的挑戰與機會時做好準備。這算是她個人領悟出來的人生歷練吧！這本書會談到許多個人經歷，如果沒有這些寶貴經驗，我也寫不出這本書來。本書「第一部」即是《情緒經濟時代》「自我呈現」的完整背景，我要告訴大家是哪些原因啟發我寫出這本書，而且為什麼現在正是發表這部著作的最佳時機。

第二部 ▸ PART 2

情緒是廣泛而複雜的主題，足以出版無數的書籍和論文來討論都講不完。這麼複雜的主題，我這本書卻只能濃縮成兩章來談。因此，我精選介紹五種最重要的情緒，各位先掌握它們各自的強度範圍、對我們造成什麼影響，以及要怎麼辨識出它們在別人身上的表現。不過，除非你本來就是個心理學家，不然我強烈建議，在學習運用情緒打造受人喜愛的品牌之前，各位還是要盡量學習跟情緒有關的科學知識。

第三部 ▶ PART 3

在了解情緒基礎知識以後，各位才能把這些心理力量灌注到自己的企業之中。本書第三部專研情緒因素對商業的影響，透過企業宗旨、領導風格、企業文化、產品與服務，以及整體的客戶體驗，展示我們要如何運用情緒因素來吸引及提升客戶和員工忠誠度。以上這些就是本書精華。一般商業書都會強調更好的產品、更精練的流程是企業成功關鍵，但這本書要說的不是這些。我要證明的是，成功來自豐盛充實的生活，這才是我們最重要的資源！

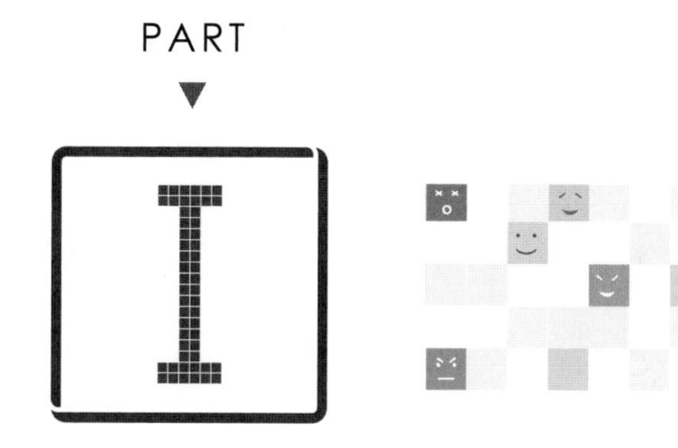

PART I

人性簡史

A BRIEF HISTORY

第1章

我們是如何來到今日

等到我們可以從太空為地球拍攝一張照片……就會釋放出與過去改變歷史事件一樣威力強大的新想法。

——英國天文物理學家、科幻小說家佛列德·霍伊爵士（Sir Fred Hoyle），一九四八年

下頁這張人類史上最重要的照片，由威廉·安德斯（William Anders）在一九六八年耶誕節前夕拍下，當時是人類第一次繞月飛行。後來這張照被稱為「地球昇起」（Earthrise）。

照片中的地球浮現在荒涼的灰色月球表面之上。安德斯跟美國太空總署（NASA）分享這張照片時說：「無邊浩瀚的孤寂令人肅然而起敬畏之心，讓人想起我們只有在地球上才能擁有一切。」人類離家二十三萬八千英里，

圖 1-1

飄浮在太空中，才清楚看到我們地球的真正極限。

就像霍伊爵士二十年前的預言那樣，這張照片釋放出與過去改變歷史事件一樣威力強大的新思想。從太空俯瞰地球，我們不再只是一張平面的地圖，上頭找不到花花綠綠的國別標示，甚至沒有任何疆界輪廓。這只是一顆擁有土地、海洋和生命的星球。後來的環保運動，就是拜這張「地球昇起」所賜。大家開始認真思考「生態體系」這些概念，又創造出「無國界醫生」等新組織，海洋保護也成為熱門議題。

光是一張照片就能喚起大家一些跟過去完全不一樣的新感覺，這是只有身在遙遠彼方的太空人才能看到的地球景象。作家法蘭克・懷特（Frank White）說這種感覺叫作「概觀效應」（overview effect），也就是透過這樣的影像照片，我們對整體馬上就有清晰概念，了解自己只是整體的一小部分。於是我們每一個人都不再孤立，我們都聚集在那個淡藍色圓球上，這裡就是我們的家。

這本書要呈現的，是我十幾年來閱讀、觀察、研究和工作的成果與心得，但這一切其實都是從我小時候房裡那張「地球昇起」的海報開始，它跟著我一起長大，我幾乎天天都在看這張照片，想像自己能否跟許多改變歷史的偉大思想家一樣，貢獻出一個超級厲害的新想法。

籬笆上的釘孔

最早讓我發現情緒力量的人，就是我的媽媽。我十二歲時，她跟我說了一個籬笆上釘孔的故事，深刻改變我對世界及其運作方式的看法。

跟大多數青少年一樣，我小時候在情緒控制和交流上也碰到很多困難。我難過的時候，只會嘟嘴搞自閉；快樂的時候，滿是活力與興奮地蹦蹦跳跳；生氣的時候，誰敢來煩我就給他好看！

有一次我又對媽媽亂發脾氣，她叫我先冷靜下來，然後說了那個籬笆釘孔的故事。各位或許也聽過：

有個小男孩脾氣很不好。所以他媽媽給他一袋釘子，跟他說想發脾氣時就去籬笆上釘根釘子。第一天，小男孩在籬笆上釘了三十七根釘子。幾個星期以後，他開始學會控制自己的脾氣，每天釘的釘子逐漸減少。後來他發現，控制脾氣比釘釘子更容易。

終於有一天，小男孩一整天都沒發過脾氣。他對媽媽說了這件事，媽媽建議說，以後再想發脾氣，就去籬笆上拔出一根釘子吧！時間過去好久，小男孩跟媽媽說，籬笆上的釘子終於也都拔光了。

於是媽媽拉著兒子的手，帶他到籬笆邊。媽媽說：「你做得很好！但是你看見籬笆上那些釘孔嗎？這片籬笆再也不會跟以前一樣。你以前生氣罵人的時候，就像是這樣留下一個釘孔。以後你再說多少次『對不起』都沒用，那些釘孔永遠都在。」

她說完故事的那一刻，我開始了解**情緒正是主導我們行動的力量，不管它驅動的行為是好是壞**。我小時候大吼大叫、大聲罵人來發洩心中怒氣，卻從沒想過自己的情緒也會影響他人的情緒和行為。

人類的演化

這個對於情緒的認識，讓我高中時對行為心理學產生濃厚興趣，所以我花了很多時間觀察同學們如何經歷生活中的喜怒哀樂。我記得自己特別注意大家對悲劇事件的反應，例如某些同學的夭亡早逝；還有大家對於勝利的慶祝又是多麼歡欣鼓舞，例如學校球隊贏得州冠軍。我透過觀察發現，**訊息傳遞方式對於接受者的影響，甚至常常比訊息本身更具威力**。

畢業後我偶然讀到哲學家艾倫・華茲（Alan Watts）的著作，討論我們常有的孤立隔絕的幻想，以為包含在自己身體內的才叫自我，身外的一切都屬非我，這種自私自利的想法，他稱之為「皮相之隔的自我」（skin-encapsulated ego）。但華茲指出，我們在皮相之外跟廣大世界其實是緊密相連，不該主張那種自戀到無以復加的自我隔絕。

差不多也是在那段時間，我還讀到彼得・羅素（Peter Russell）的著作，他討論的是越來越複雜的演化生物學。以羅素的說法，人類的演化讓大腦具備複雜功能，我們才有足夠的智慧來檢討自我，研究自身的起源和身心內部的各種運作。

這個認識讓我有了許多領悟。我們人類經過幾十億年的演化，心智思維發展出知覺感官，但是最近十幾萬年來似乎已走到演化的盡頭。難道人類演化也已經走向結束的最後一幕了嗎？我們還有成長空間嗎？

其實早在一九八三年，羅素就預言人類還有許多空間可以成長，只是這個進步空間不在人類體內，而是在所有人的體外。他預測我們人類會運用某種全球網路構成組織來進行思考與行動，藉以維護和促進人類的發展，就像生物組織會透過神經元的連結與運作來保護自我、尋求發展一樣。羅素當時把這個概念稱為「全球大腦」（global brain）。[1]
這也就是我們今天說的「網際網路」。

電腦網路的發展

二十世紀下半葉，像羅素這樣的思想家和科技專家都在讚揚資訊時代的來臨，稱頌資訊以破紀錄的速度傳送到遠方。但是誰也沒有想到，「資訊」本身卻淪為弱勢的一方。

各位要是仔細觀察網際網路長期以來的流行變化，從最早的超連結文件檔→圖表、圖像→線上購物網站→電子郵件→即時通與聊天室→VoIP網路電話→雙向視訊通話→部落格→討論區→社群網站，各位會注意到，隨著這些流行趨勢的變化，我們越來越少分享自己知道的資訊，反而是更喜歡分享自己的感受。就算是分享了資訊以後，例如個案研究或新聞報導，我們也以朋友按讚、按愛心或哭臉、笑臉、生氣的臉，來衡量這則貼文是否受歡迎。

我們現在顯然得處理空前快速爆發的情緒，而且這個趨勢看來還不會減緩。今日，只需要一個客人公開分享一次糟糕的體驗，就有可能改變整個產業的生態狀況，這真是有史以來頭一遭！現在光是動動手指按幾個鍵，把自己的情緒分享出去就能疊加N次方的威力，也真是史上第一次。

所以，現在看來再清楚不過了，我們的自我不只是在這層皮相之內而已。

商業的演進

在討論演化的主題之前，我們先回顧商業演進的歷史。

在工業革命期間，企業最重視的就是自己的產品，希望能夠做出優良、快速、堅固、響亮、便宜、聰明或可靠等特質的商品。資訊時代來臨以後，商業界的焦點轉移到「流程」。企業更加努力，希望做出更簡便、更快速、

1 本書網站「economicsofemotion.com」有一支短片介紹這個概念。

更新穎、更優秀的好東西。

現在我們進入社群時代（Social Age），企業也跟著更關注「人」本身。客戶忠誠度、社群策略、難忘體驗、企業價值和公司文化，幾乎都成為每家公司的熱門話題。

包括我們的思想、工具和產業都指向同一個方向：**我們的生存和運作的成功，絕大程度上是依賴我們相互理解與聯繫的能力。**

理解情緒

要真正關注人和人的情緒，我們要先了解這些情緒是什麼。下一章我們會把人類複雜而多樣的情緒分為五大核心。各位會了解到，各種情緒是如何影響決策，以及我們彼此如何傳遞情緒。稍後篇章，我們也會深入探討一些全球最受尊敬的企業，他們在公司宗旨、領導風格、企業文化、商品服務以及客戶體驗上，如何運用情緒工具來進行提升和改善。以上這些都是社群時代的重大議題。

但我們的探討也不是僅止於此。這本書還要幫助領導者了解和掌握自己的情緒層面，就像那個學會控制脾氣，不再在籬笆上釘釘子的男孩一樣。這是因為，不管各位相信或不相信，情緒含量過高的決策通常不會太好。

不過在深入探究情緒經濟學之前，讓我們再次短暫回到外太空。

生活在淡藍色小圓點

一九九〇年情人節那天，無人太空船航海家一號（Voyager 1）又幫我們的地球拍下一張著名照片。這艘太空船是在飛向土星途中，航太控制中心應天文學家卡爾·沙根（Carl Sagan）的要求，特別把航海家的攝影鏡頭再次轉向地球，對家鄉進行最後一瞥。從四十億英里的彼方遠眺，地球只是一顆淡藍色的小圓點，大小只有〇·一二個像素（pixels），混在遼闊夜空與群星之間，幾乎看不到。

後來沙根在他那本《淡藍色的小圓點》（*The Pale Blue Dot*）中寫道：

再看看那個小圓點，就是這裡。是我們的家，我們全在這裡。你所愛的每一個人、認識的每一個人、聽過的每一個人，曾經存在過的每一個人，都在這個小圓點上。我們所有人的喜悅和苦難、幾千幾萬種信仰宗教、意識形態、經濟學說，每一個獵食者和掠奪者、每一個英雄和懦夫、每一個文明的創造者和毀滅者、每一個國王和農民、每一對年輕的熱戀情侶、每一個爸爸媽媽和希望無限的孩子、發明家和探索者、每一個道德導師、每一個貪腐政客、每一個「超級巨星」、每一個「最高領袖」，我們人類史上的每一個聖人和罪人，都在一顆懸浮於陽光中的塵埃微粒上。

在遼闊的宇宙競技場中，地球只是一個非常、非常小的舞台。想一想所有那些將軍和帝王的光榮勝利，殺得血流成河，也不過是在這顆小小塵埃上的一小塊地方，在眨眼的瞬間稱王稱帝罷了。你們想想，就這麼小小一點上頭，也有這個角落的人無止無休酷虐對待另一角落的人，總是彼此誤解，總是互相殘殺，總是激怒憤切，其實大家都差不多一樣，彼此沒有多少區別。

有人說，天文學讓人學會謙虛，也是領會建立品德的經驗。要展現人類誇大自負的愚蠢，大概沒有比這張遙遠彼方拍攝的小小地球更好的證明了！

但我覺得，這張照片也凸顯出我們的責任，要更加友善地對待彼此，一起維護和珍惜這顆淡藍色的小圓點，這是我們所知道唯一的家。

如果能夠成功做到的話，我希望這本書也能對這份責任做出一點貢獻。

PART

關於情緒

EMOTIONS EXPLAINED

第2章

情緒淺釋

別人可能會忘記你說過什麼，忘記你做過什麼事，但大家都不會忘記你給他們帶來什麼感覺。

——瑪雅．安潔若（Maya Angelou）

瑪雅．安潔若談到情緒的威力時，她大概不是在討論商業。她是個著作豐碩的詩人、作家，也是歌手，但或許她說的那句話也跟商業有關。

她自己並不知道，她的這句名言間接揭示情緒經濟學的基礎。其實換個說法，這句話的意思即是：「人與人之間的際遇，終究就是情緒上的交流。」

各位要是領導一家企業，進行正面而有意義的情緒交流，才是你應該努力奮鬥的方向。貴公司的文化、產品和行銷（也就是你所做的一切）都要朝向情緒需求的角度出發，因為大家永遠不會忘記的，是跟你家品牌互動時產生什麼感覺。

情緒科學

在我們開始討論核心情緒的特性和它們之間的關係之前，要特別注意的是許多心理學相關研究中，對於情緒的定位。

每家公司在設計產品或服務時，都要先想到自己公司特有的客戶特質。比方說，家庭飾品與建材商家得寶（Home Depot）的客戶特性，跟通訊軟體「Snapchat」的客戶應該是完全不一樣。但是不管怎樣，企業都是跟「人」打交道，既然都是人就會有一些共同點。

研究那些大家都有的特徵與行為，是心理學的一個分支，叫做「跨文化心理學」（cross-cultural psychology）。但是大多數人比較常聽到的是「異常心理學」（abnormal psychology），這是專門研究特殊個案的學門；正因為大家都對個案太感興趣，所以我們反而常常忽略日常生活中共有的情緒反應和行為。

本書採用非實驗研究的方法，深入探索情緒交流的部分（這方面的研究可說是令人驚訝的少），還有情緒因素在商業中的影響與作用，這些探討都屬於跨文化心理學領域。

情緒觸發

情緒是對事件或事物的認知反應，大都是受當前情況、過去經驗或承襲而來的社會規範等因素所影響。要喚起某種情緒，需要透過刺激來觸發。情緒觸發的強弱與方式各有不同，但是在深入探討觸發情緒的要素之前，要先對觸發情緒的方式加以分類。

直接／間接

直接觸發會立即而明顯地影響我們的行為和情緒，在觸發因素和我們對它的情緒反應之間幾乎沒有中介區隔。比方說，有人對你說他喜歡跟你一起工作，就直接觸發你的快樂或得意自豪的感受。

間接觸發因素會對我們的情緒產生連帶作用。比方說，你認識的朋友獲得晉升，你也許會為他感到高興，但是他獲得晉升並不是為了讓你高興。

自覺／不自覺

自覺觸發必須在你意識之內。要是你沒發現到，這個觸發就不會對你造成影響。比方說再感人的電影，要是你沒去看，它就不可能讓你感動到哭。

不自覺觸發是在我們意識關注之外的背景因素。天氣就是完美的不自覺觸發因素，它常常會影響到我們的情緒，但我們自己卻沒發現。

內部／外在

內部觸發是來自思想或記憶，跟自身之外的任何事物都沒有關係。比方說，光想到要放連假，你心情就好起來。

外在觸發是由周遭環境提供。如果不經由我們的五種感官，就不可能被這些外界因素觸發。

積極／消極

積極觸發是激發和強化某些情緒。例如有人過生日時，你送他禮物，讓他感覺更高興，一整天過得更愉快。

消極觸發是減少、降低某些情緒。例如在某人經歷不幸事件時，送花安慰，讓他感覺不那麼悲傷或沮喪。

要觸發情緒，有很多種方法；先掌握這些方法，就成功一半了。接下來我們要探討，有哪些觸發類型可以運用。

情緒的相互關係

就像我之前說過的，情緒觸發有強有弱，也有各種不同的方式。它們可能是來自視覺或聽覺的訊號，是實體接觸某種東西，也可能來自什麼社交狀況、食物味道、環境因素，甚至是某人的另一種情緒。要準確預測什麼觸發因素會引發某種特定情緒並不容易，但是我們還是可以廣泛地談一下，觸發某些特定情緒有哪些共同點。首先要特別注意的，就是人與人之間的互動。

一般來說，正面情緒會觸發其他正面情緒，負面情緒也會觸發其他負面情緒。你要是把「歡樂」帶進某個情境，其他人很可能也會以某種「歡樂」和其他正面的情緒做出回應。而憤怒常常導致更大的憤怒，厭惡往往招致更大的厭惡，恐懼喚起更大的恐懼，悲傷帶來更大的悲傷。

但每一種情緒也都有觸發其他不同情緒的能力。例如你要是表現出憤怒，一定也會讓另一個人感到厭惡。你的悲傷可能喚起恐懼，或者，在非常特殊的情況下，說不定甚至是帶來喜感。但在大多數狀況下不會變得這麼複雜。人與人之間的情緒交流，通常會是相同或密切相關的情緒。下頁圖 2-1

所示，就是主要情緒相互之間的觸發關係。

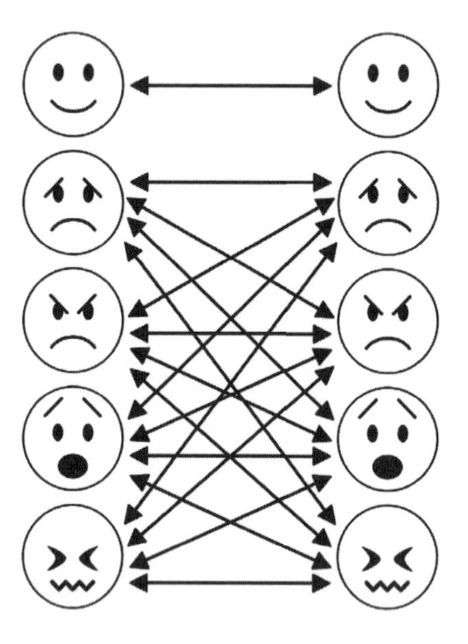

圖 2-1

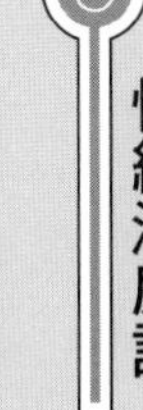

情緒溫度計

人際交流的一對一與一對多

我們每天都跟許多人交流情緒，有時是一對一，有時是一對多。

在一對一交流中，很容易就能讀懂對方的情緒，注意到對方如何回應彼此的對話。這些個人關注讓我們可以根據需要重新調整自己的訊息和語氣。有些人很擅長於此，有些人則相當笨拙，這兩種人各位很可能也都認識幾個。但不管怎樣，如果是面對一群人要進行即時的情緒調整，必定是困難重重。面對公眾的演講者或正在造勢的政客，也許能在群眾之中判斷某人感覺不爽或高興，但要是不能適當地掌握群眾，就難以透過「閱讀群眾」來進行調整。

在一對一的互動中，我們可以假設彼此的交流大概是各占一半，我們回應的情緒和接受到的一樣多。但是在公開演講的場合中，比較可能是八十對二十的狀況，說話者卯足全力傳遞八〇%的情緒，但接受到聽眾的回應卻只有二〇%。所以，大家可能都聽過脫口秀演員、演說家、政客或節目主持人老是在問：「這樣好不好？這樣對不對？」其實就是因為，他們真的無法分辨大家反應為何。

以事物觸發情緒

儘管情緒觸發大都來自人際互動，還是有些東西可以觸發情緒，例如電影、歌曲、小貓小狗、派對聚會、美味巧克力，甚至是你那張舒適的椅子。能夠觸發情緒的東西實在是太多了，我們不可能一一列舉。

稍後在第七章討論商品與服務的情緒設計時，我們會更深入討論外在事物是怎麼影響我們的情緒。但是在繼續討論之前，請各位務必注意，各種觸發因素未必都能對每一個人喚起相同的反應。會喚起什麼樣的反應，其實是要看他們過去經驗或當前狀況而定。例如一個嚴格訂定的期限，可能讓某甲十分焦慮，但某乙卻對工作進度能趕上時程覺得非常自豪。

雖然引發的反應可能不一樣，情緒觸發也可以非常複雜，並能夠同時影響到很多人，但不代表我們無法設計出讓大家都會感到高興和快樂的對話、文化、活動或產品。這些都需要大家一起努力，當然還有熟讀這本書。

情緒經濟學

恭喜大家！已經完成情緒速成課程。現在，我們可以把這些情緒知識應用在經濟學的主題上。

經濟學的概念，大多數人都不陌生。事實上每年都有成千上萬本專業書籍，還有許多新聞報導和論文發表，討論各種經濟學主題，通常包括像是定價策略、商業趨勢、信貸槓桿、債務融資、過剩與短缺、景氣衰退、通貨膨脹，和其他各種與金錢和礦產相關的交易主題。

但是經濟學並不只限於金融和財務，另外還有歷史趨勢、現況解讀和未來預測等更為廣泛的研究領域。它可以幫助大家了解，我們人類是如何進行生產，怎麼運用和消耗種種資源。

我相信在這之中，有一個到現在大家都還不知道要去開發的經濟體系已經運作數千年之久，至今仍是人類所有歷史大事與成就的推手，這也是本書的主題「情緒經濟學」。假設前提很簡單：我們的情緒即是生生不息，不斷地產生、運用和消耗。但是這跟金錢貨幣不一樣，我們不會用情緒來交換商品和服務（雖然各位可以嘗試一下，可是光用微笑是買不到汽車的），但我們可以運用情緒來達到我們想要的結果，影響他人的行為，這一點又跟金錢很像。

不管是生氣、悲傷、快樂或恐懼，我們的情緒都會被他人接收到，並刺激他們繼續維持某些行為或誘發改變。同樣的，我們也會辨識他人的行為和情緒，並以自己的情緒做出回應，就像在進行交易一樣。

這樣的情緒交流每天都在發生，整天都在進行，有時我們自己甚至都沒意識到。但這樣的交流會影響我們的關係、我們的行為，影響我們在職業道德上的表現，甚至是我們的消費習慣。事實上我們可以說，就是這樣的情緒交流在推動我們的金融經濟，產生出這種世界上最早的通用貨幣，也是每個人都可以擁有的一種資源。而且這些情緒交流都能夠加以分析和改進，運用商業力量來增進所有人的福利。

各位開始仔細檢視，就會發現情緒經濟學一直隱藏在你視線之外的許多證據。

第3章

核心情緒

人的複雜程度是無限的，情緒也絕不是非黑即白。這本書如果想要包羅萬象，把我們感受到的所有情緒都囊括其中，大概到現在還寫不完。就算是蒂芬尼・史密斯（Tiffany Watt Smith）那本《情緒之書》（*The Book of Human Emotions*）也只能列舉一百五十六種不同的情緒狀態，從A開頭的「歧義恐懼症」（Ambiguphobia）到U結尾的「不可勝數」（Umpty）。但這一百五十六種，還是比不上我們每天日常的諸多微妙感覺。這意思大概就像是，若說這世界只有一百五十六種顏色，對照奧妙無窮的大自然實在是太簡化了。

我們在此當然不是要凸顯各種情緒的細微差異，而是對「情緒」與「核心情緒」進行區分，稍稍簡化這個複雜主題。各位可以把核心情緒想像成「原色」：本質上雖是各自不同，但可以互相混合與加強，形成濃淡、色調和亮度都不一樣的無限組合。

在一九六〇年代後期，心理學家保羅・艾克曼（Paul Ekman）、卡羅・伊澤德（Carroll Izard）和席利文・湯金斯（Silvan Tomkins）等學者，開始研究一些非語言溝通（尤其是臉部表情）是全球共有或者呈現文化差異的特性。他們在世界各地的研究（包括巴布亞紐幾內亞、日本、阿根廷、美國和前蘇聯等地區），證實達爾文以前提出的理論沒錯，有些臉部表情是全球共有的。[1]這個研究有雙重的發現。在探索大家共有的臉部表情時，他們也發現到五種核心情緒，是不管什麼文化都會普遍出現，也是所有情緒狀態的基礎。

這五種核心情緒是：

一、歡樂

二、悲傷

三、憤怒

四、恐懼

五、厭惡

其實還有第六個核心情緒，我們稍後會介紹，等一下再給各位一個驚喜。現在我們先來看看這些核心情緒如何表現，以及怎麼影響我們。

歡樂情緒

歡樂是幸福安樂的狀態，包含各種來自新舊經驗的正面愉悅情緒。就像英國大作家路易士（C.S. Lewis）所言：「品嘗過（喜悅）的人，都會想再來一遍！」[2]

1 Paul Ekman and Wallace V. Friesen, "Constants Across Cultures in the Face of Emotion," *Journal of Personality and Social Psychology* 17, no. 2 (1971): 124–129.

2 C.S. Lewis, *Surprised by Joy: The Shape of My Early Life*, Reissue edition (New York: HarperCollins, 2017).

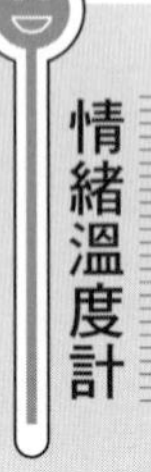

情緒溫度計

正面情緒 VS. 負面情緒

各位也許想知道，為什麼這五個核心情緒，有四個是負面情緒，只有一個是正面。原因是，負面情緒通常都有獨特的表現：悲傷和憤怒很不一樣，恐懼和厭惡也是大不相同。就像俄國大作家托爾斯泰在他那本出名的《安娜．卡列尼娜》（*Anna Karenina*）第一句說的一樣：「幸福的家庭差不多都一樣，但不幸的家庭各有其不幸。」

唯一正面的核心情緒——歡樂，其實是無所不包：幸福、驚奇、興奮激動、甚至是愛的激情，統統都能納入「歡樂」之列。歡樂本身也可以分解為各種支系，這些都是源自核心情緒，從滿意知足到極樂至福的各種正面情緒都包羅其中。

負面與正面情緒四比一的懸殊比例也是提醒我們，不管在什麼情況下，人的大腦都能輕易察覺不好的一面，反而是特別厲害的人才能在滿天烏雲中讚嘆一絲光明。

歡樂情緒的演化

歡樂情緒，從一開始就是人類的最大願望。歡樂情緒會釋放撫慰作用的化學物質，大家也一向都認為這種感覺對身體、心理和人際社交都有莫大好處。我們的遠祖都知道要跟帶來歡樂的人在一起，這樣才能保持安全、可靠和成功。

美國的開國元老也知道歡樂是建立好國家的關鍵因素，所以《獨立宣言》裡頭，歡樂就跟生命和自由放在一起，列為人生不可剝奪的權利之一。

我們一直到現在還是運用歡樂情緒，來辨識自己想要接觸的人、想置身其中的環境。我們也不吝花費大量時間，運用許多人類遠祖不知道也不會使用的新資源，來尋找更多體驗歡樂的新方式。

歡樂情緒的範圍

我們感覺到的每種情緒，都屬於五大核心之一。保羅・艾克曼博士的女兒——依芙・艾克曼（Eve Ekman）博士，和達賴喇嘛一起開了很有趣的網站叫「情緒地圖」（Atlas of Emotions）。「情緒地圖」探索這五種核心情緒的領域，每一種都細分成許多分支，按強度高低依序排列（見表3-1）。

例如，感官愉悅是強度較低的歡樂感，這是碰上好吃、好聞、好聽、好看或是令人感覺很好的東西。與之相對的高強度則是入迷狂喜，這是精神上難以饜足的無上極樂。而在這兩個極端之間，還有像是歡欣慶祝、得意自豪、讚嘆驚奇、慰藉緩解和興奮激動等的情緒狀態。

有些歡樂情緒涵蓋的強度範圍比較大，例如慰藉緩解的感覺幾乎包含全領域，各位大概也曾體驗過鬆了一大口氣和稍稍感到安慰的差別。例如突然找到原本以為遺失的鑰匙，和發現癌症檢驗報告只是誤判，這兩者的強度差別極大。

觸發歡樂情緒

要觸發五大核心情緒都不難，但最容易的莫過於歡樂情緒。我在前一章

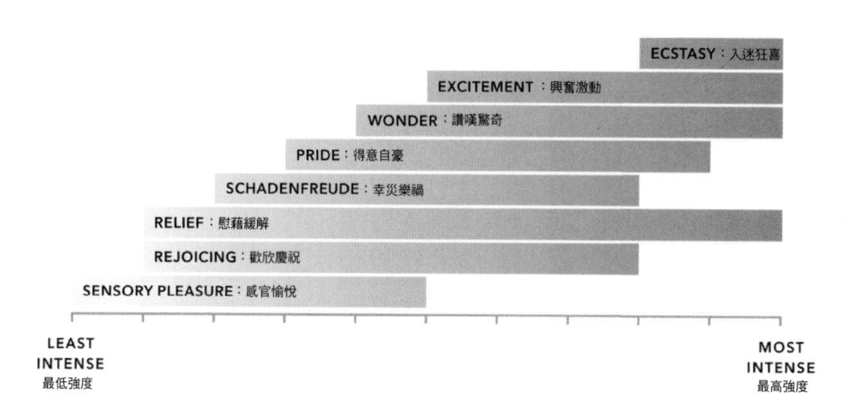

表 3-1

曾說過，觸發情緒有很多種方式，觸發歡樂也是一樣。

觸發歡樂最常見的一種方法，就是逗他們發笑：叩叩叩（敲門）……誰啊？送信！你宋信？不要鬧！我真的是送信；誰跟你鬧？我才是宋信！

另外，像是看到一張全家福的老照片，或是聞到一陣剛出爐的奶油烤餅香味，雖然只是這麼簡單的事情，也可以間接觸發歡樂感。

各位要是開始注意有多少方法可以觸發歡樂感，你就更有能力設計出一個為大家帶來更多歡樂的環境。

辨識歡樂感

按照保羅・艾克曼的說法，歡樂感大概是最容易辨識的情緒。[3]為什麼呢？因為它幾乎都會伴隨真誠的笑容。

真笑、假笑，各位都可以分辨得出來（如圖 3-1）。真笑的嘴角上揚，眼睛周圍肌肉拉緊，看起來就像瞇著眼。如果只是嘴角裝笑，他可能不是真的感到歡樂；必須整張臉都笑起來，那才是真的在笑。另外，笑聲也代表真正的歡樂。

歡樂的肢體語言通常比較輕鬆開放。他們頭部抬起，不會叉手抱胸。也許會遮著嘴巴，這是因為笑得太誇張會有點難堪。比方說，脫口秀節目主持人吉米・法隆（Jimmy Fallon）是不是真的在笑，你很容易就可以判斷出來，因為他常常笑到摀嘴。

快樂的人也比較願意跟他人進行對話和聯繫。各位一整天要是過得順利愉快，你搭捷運時很可能聽到隔壁說話就想插嘴發表意見。要是今天過得很

3 Paul Ekman and Harriet Oster, "Facial Expressions of Emotion," *Annual Review of Psychology* 30 (1979): 527– 554.

無表情

歡樂感

圖 3-1

不好，你大概只想戴上耳機，一點也不想聽別人說什麼廢話。

各位可以想一想自己周邊的人，碰上好事發生時，總感覺像是整個人閃閃發亮。其實這只是因為你就在他們旁邊，他們的快樂就會感染給你。

歡樂感的商業運作

令人驚訝的是，企業很少嘗試觸發歡樂感。當然，彼此的互動大都是要保持愉快，但有哪家公司會每天刻意討好你，想要讓你開心好幾次呢？我們會以為，企業團隊都該坐下來，好好設計一些觸發歡樂感的方法，但可能出自於某些原因，大多數的企業團隊都沒這麼做——不過迪士尼公司的確有做到。

各位如果是在特殊日子去迪士尼樂園玩，例如生日那一天或第一次進園，迪士尼都會利用這個機會讓你這一天變得更加特別！他們會利用遊樂園中的技術和服務，透過某種方式來辨識遊客的個別情況，格外討好遊客，讓你感覺特別高興。這種量身訂作的方法，特別容易觸發歡樂感。

提升他人的喜悅，對企業的成功和壽命非常重要。各位如果不能豐富別人的生活，讓大家更加多彩多姿，請問你都在幹嘛呢？

悲傷情緒

悲傷是我們對損失的反應，不管那是你原本就擁有，或者只是你以為自己應該擁有的事物。

悲傷情緒的演化

悲傷也有很多種，悲泣暴哭、鬱悶畏縮、悶悶不樂等都是。不管悲傷是採取什麼形式表達，在演化上的目的都是希望讓別人知道你需要幫助，或者表示自己正在遭受苦難。因此毫不意外地，悲傷情緒最容易喚起同情。我們天生就設定成想要理解別人遭遇，這也讓我們更容易對他人伸出援手。

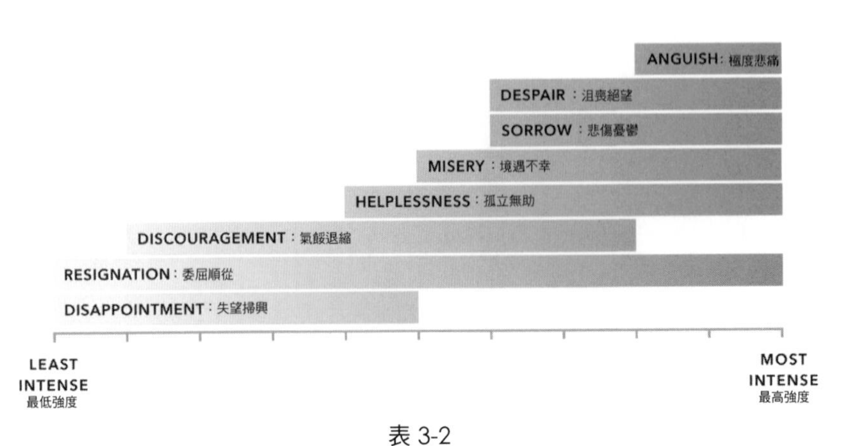

表 3-2

悲傷情緒的範圍

艾克曼對悲傷情緒的分類，跟歡樂感一樣，也是根據強度來排列（見表3-2）。量表的最左是輕微的失望，比方說發現自己買的樂透沒中獎；右側則是最強烈的悲痛，例如經歷孩子死亡的父母，那樣痛徹心扉的心情。

跟歡樂感的範圍一樣，從失望到極度悲痛之間，我們也能體會到許多不同強度的情緒，但它們都不是單獨一個點，而是各自涵蓋一段範圍，從委屈順從、孤立無助到氣餒退縮、沮喪絕望等範圍都包括。

觸發悲傷感

悲傷感遭到觸發時通常很突然，而且可能讓人覺得虛弱。以我個人來說，一想到我媽媽過世的那天早上，心裡面就會觸發悲傷。但也不是有特定事情讓我想到這個，它就是偶爾會突然出現，每次都讓我很傷心。

當然，外在因素也能觸發傷感，我看到她的照片或拿起她送給我的東西時，也會覺得傷心。

辨識悲傷感

當我們感到悲傷時，通常會從對話或各種情境中退縮，變得有一點難以接近，走路的步伐也顯得欠缺活力。

臉上的表情大概就像卡通畫的一樣，眉心部位拉高，嘴角往兩側下撇，嘴唇橫向繃緊，下唇突出像是噘著。下顎和臉頰會比平常靜止時略為抬高。

悲傷是很難假裝出來的表情，厲害的演員當然也能演，但他們常常也是依靠自己真實的悲傷經驗，才能模仿出那樣的表情。悲傷的樣子大家都不陌生：心灰意懶、無精打采，雙肩低垂、彎腰駝背，走路常常只看地上。擺出這樣闌珊畏縮的姿態，看來是自絕於外也會被外界隔絕（如圖3-2）。

這些訊號也是帶有目的：向他人表示自己正遭受苦難或者需要援助。接收訊號一起面對悲傷，是我們彼此承擔，互相負起的一種責任。

悲傷的持續性

在五大核心情緒中，悲傷持續的時間最長。我們的悲傷感一旦觸發，儘管一開始的情緒會漸漸消失，但悲傷感可能繼續留滯。像是憂鬱即是嚴重病症，這是悲傷感長期持續，轉而成為心裡的基本情緒。悲傷感跟其他情緒不同，不會在突然閃現之後就迅速消失，而是會停留在心中持續惡化，令人心灰意懶毫無動力。所以我們才更需要早日辨識悲傷感，幫助那些深陷其中無力自拔的人。

無表情

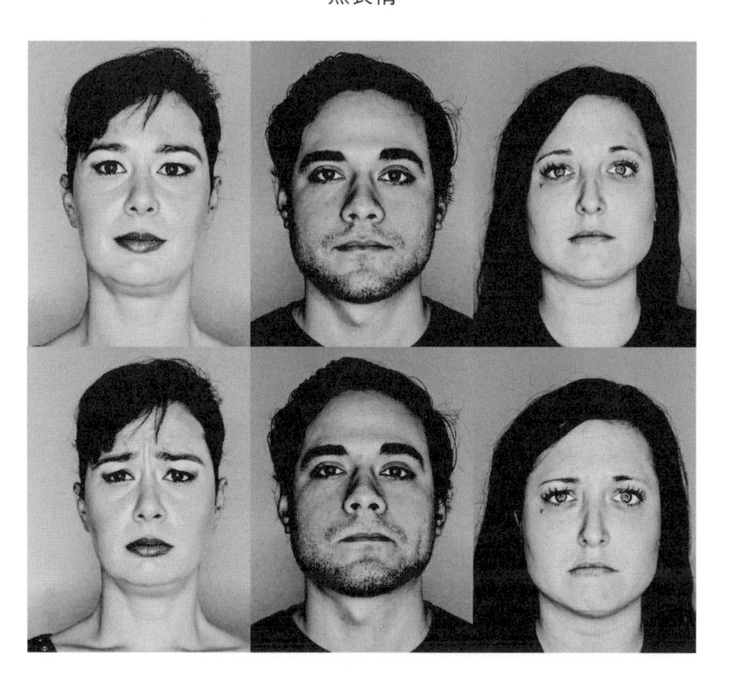

悲傷感

圖 3-2

悲傷感的商業運作

悲傷在商業界會出現在幾個不同的地方。我在這裡只討論其中的三個：**員工的悲傷、廣告的悲傷和客戶的悲傷**。

有一次我開始一項新工作沒幾天，就發現團隊中有位員工首次開會就顯得很畏縮。她兩眼老是朝下，也不參與大家的討論。我沒有忽略這些訊號，所以會議結束後就把她拉到一旁，問她最近怎麼樣。在我們討論過程中，我發現她根本不想把自己的工作做好，因為她再也不喜歡這份工作，她覺得自己不受賞識，如今只覺得精疲力盡。那次談話，我特別指出一些工作上會讓她高興的事情，再據此設定一些目標。從那以後，她能做些自己喜歡的事情，在公司裡也獲得了晉升和肯定。

如果我沒有先發現她的悲傷訊號，這位員工可能因此離職或因為缺乏興趣而把工作搞砸，也無法傳達出自己的感受。因為辨識到悲傷訊號，現在她的工作內容變得更加豐富充實，我也為公司留下一名優秀員工。

在廣告方面，到處都有運用悲傷作為訴求的事例。各位在臉書都能找到一些關於人或動物需要援助的照片或影片，這是為了觸發同情憐憫、掏錢樂捐。大家要是不明白我在說什麼，不妨搜尋加拿大知名創作女歌手莎拉・克勞克蘭（Sarah McLachlan）為愛護動物訴求所拍的廣告。

在消費者方面，購買者悔恨是不一樣的悲傷，這是客戶特有的體驗。也許產品沒有達到客人的要求，或者他們想到為什麼沒把錢省下來而感到難過。不管是哪種狀況，要是有客人覺得後悔，品牌企業主就該把原因找出來。

憤怒情緒

憤怒有兩種不同成因：一是覺得自己碰到某種方式的阻礙，或是覺得自己受到不公平的對待。

憤怒情緒的演化

自從有人類以來，我們就會生氣吧。而且很難斷定這麼暴烈兇猛的情緒，對我們會有用處。不過事實證明，有時候我們就是依靠憤怒來取得某些狀況的主導和控制。要是我們行事受到阻礙，或某些事情讓我們受到不公平對待，憤怒就能產生威嚇作用，糾正我們受到不利或不平等待遇的現實。

在男性和女性之間，男性更有可能主張自己擁有控制權，就歷史上來看，男性也一直被要求保護自己的部落以免受到任何威脅。從生物學的角度來看，或許這就是男性比女性更具侵略性的原因。

從整個人類歷史來說，憤怒都會激起行動，有時候事情就解決了，有時反而變得更糟。憤怒的群眾可能導致暴動騷亂，或者造成改變世界的運動。憤怒造成的行動，有時候反而會對更多人造成妨礙，或者讓更多人無法得到公平對待。像是三K黨、納粹或伊斯蘭國，就是這樣的情況。但也有因為憤怒而採取行動，讓大家一舉擺脫長久以來的不公不義的情形。例如美國的民權運動，就是由憤怒而生的崇高事業。

憤怒情緒的範圍

艾克曼劃定了憤怒情緒範圍（見下頁表3-3），最輕微的是一些小煩惱，像是房裡有隻嗡嗡叫的蒼蠅、一陣搔癢老是抓不著、牆上掛的照片有一張總是歪一邊，或者是樓上好鄰居為什麼走路都那麼大聲。不管是碰上哪一個，你的氣定神閒、安靜平和都被妨礙了。

憤怒情緒的最高等級是暴怒，艾克曼形容是一種經常發生又控制不住的強烈怒氣。[4]人在暴怒的時候，心裡越來越火，原本有的修養可能都不見了。最危險的是，憤怒會激發憤怒，怒上加怒、火上加油，情勢延燒甚至演變成暴力衝突。

分布範圍最廣的是挫折感，幾乎涵蓋憤怒情緒從最低到最高的強度，直接比擬暴怒等級。繫不好的鞋帶老是鬆開，也許會讓你感覺有點挫折，但要是交通陷在車陣之中動彈不得，有時就會嚴重到讓人想尖叫。

4 Mark Wilson, “A Map of How Emotions Influence Our Lives, Commissioned by the Dalai Lama,” *Fast Company*, May 13, 2016, https://www.fastcompany.com/3059847/a-map-of-how-emotions-influence-our-lives-commissioned-by-the-dalai-lama.

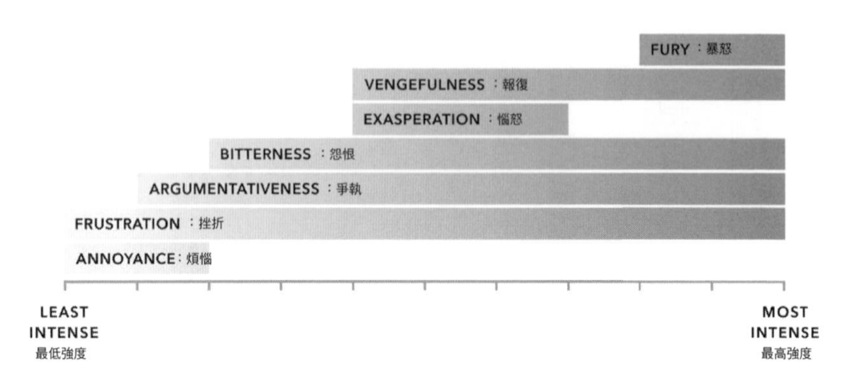

表 3-3

觸發憤怒情緒

有時候憤怒感可以馬上從零飆到六十，端看是哪一種觸發因素，這是五大核心情緒中唯一會迅速飆升的情緒。所以我們都要特別注意，感覺生氣的時候就要開始安撫自己，在自己說出不該說的話或做出不該做的事之前，先讓自己冷靜下來。

要觸發憤怒，最簡單的方法就是運用憤怒。像是有人對你大吼大叫，不管你是理直還是理虧，也都會馬上觸發憤怒，這是擺出強勢來保衛弱點的防禦機制。

當我們以憤怒做出回應時，惡性循

環就開始了，但這次是反方向的強度升級，對方也要伸張自己的控制權。這時候除非有人能打斷衝突，冷靜下來，或者迅速離開那個情境，否則憤怒就會繼續升高，彼此都無法有效思考或溝通。

辨識憤怒感

辨識憤怒感並不難，通常是雙眉微皺、有點下拉，嘴唇噘成方形或長方形，或是雙唇緊閉擠壓。男性更常會抬起下巴，鼓起胸膛，肩膀後拉，刻意凸顯身形——這是雄性靈長類動物表現憤怒的共同點（如下頁圖3-3）。

咬牙切齒表現憤怒的人並不少見，小孩子就常常會這樣做，這時候可能連鼻子都會皺起，眉毛同時下拉，或者是把嘴唇用力緊閉來表達憤怒。

憤怒時不太會長篇大論，偏向使用簡單的短句。隨著怒火漸漸升高，不久之後也許就會大吼大叫，一股腦拋洩所有想法和感受。這時候為了保護自我，我們的用語斷續簡短，不準備跟對方囉嗦糾纏。所以此時對話可能就只有短短幾個字：「沒有，我很好！別說了！」或者是：「你走開！別管我！

無表情

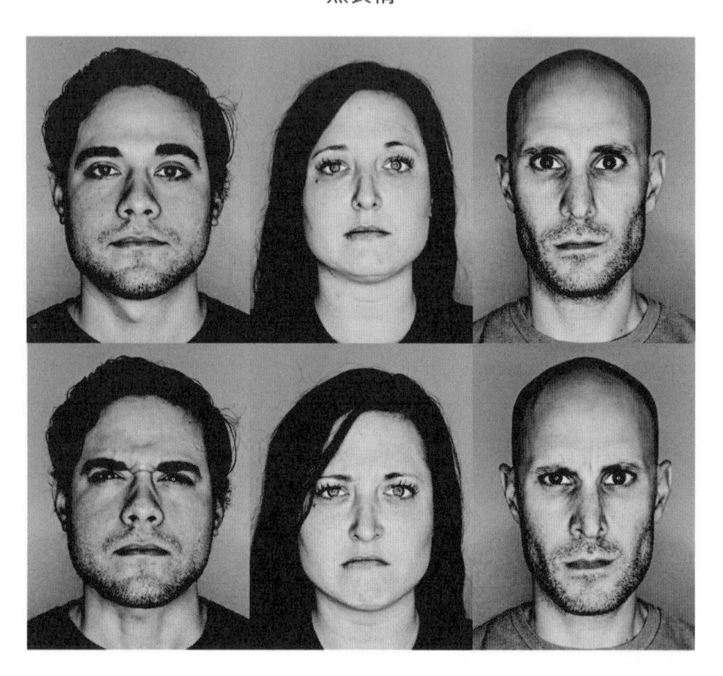

憤怒

圖 3-3

讓我靜一靜！」

憤怒感的商業運作

不管憤怒強度高或低，一旦出現後就會想要發洩出來。憤怒像是一定會噴發的蒸氣，暴力行為或怒嗆挑釁就成為恢復冷靜最常見的方法。

企業中表現憤怒的最佳例子，我想客服部門最有感觸。企業碰上問題、出現狀況，常常到最後就是客服部門要面對。附帶一提，**你的公司有兩種人最需要有地方發洩怒氣：你的客戶和客服人員**。

客戶如果生氣，你應該要讓他把氣直接發洩在你身上，而不是在臉書或社群論壇上貼文怒批。各位要記住，憤怒會迅速升高，絕對不要讓一大群人聚在一起對你生氣。關於客戶怒氣如何排解，我在第八章會詳細討論。

而客服人員，是大多數企業中客戶唯一可以發洩怒氣的窗口。客服人員當然也是人，也會受到客戶憤怒的影響。我曾建立也帶領過各種不同規模的客服支援部門，我可以告訴各位，**最不樂意推薦自家公司產品的人就是客服**

部門，因為他們聽到的都是問題和失敗。所以，這個團隊的成員才是各位要特別注意的，他們都知道公司的問題和失敗在哪裡，而且通常還是唯一跟客戶保持聯繫的人。你不覺得你應該多關注他們的意見和反應，讓大家高興一點嗎？

恐懼情緒

意識自己或他人安全遭遇威脅時，就會引發恐懼。觸發恐懼的最佳因素，就是碰上什麼嚴重的壞事。

恐懼情緒的演化

對於整個人類物種的生存，恐懼情緒可能是貢獻最大的。要是缺乏恐懼感，我們都活不了太久，光是公司附近的十字路口隨時都會要我們的命。

當然，恐懼也不完全是天生的。小嬰兒如果無法呼吸、受到束縛或者缺乏食物和水，很可能天生會感到恐懼，但除此之外大多數的恐懼，都是透過個人經驗和知識，在後天環境中學到的。

我們不想摔死，所以會懼高；不想中毒身亡，所以害怕毒蛇。但是如何知道高處跌落或毒蛇攻擊會帶來安全威脅、很可怕，就是看過、聽過、學過一些前人的災難事例。當我們親身經歷這種恐懼時，腎上腺體會分泌荷爾蒙，加強心臟輸送能力，促進血流加速流向肌肉組織，強化所有感官、提高警覺，簡單來說就是「戰或逃」反應。不過有相當比例的人不會戰也不會逃，反而在安全受到極端威脅時癱瘓麻痺、呆若木雞。這當然就不妙了！（不過有時候也能派上用場，比方說你混在樹林中或一群人體模特兒裡頭。）

同樣的，我們也可能因為個人經驗或外在學習而感應到誇大的恐懼。比方說，過去有過非常糟糕的分手經驗，可能就會對所有戀愛關係感到害怕，以免自己再度陷入極端失落或憤怒的感覺。

最近幾年來出現的是社交恐懼，害怕遭受他人批評或拒絕的恐懼感。也許是在臉書上貼文，過了一小時發現毫無回應就趕快刪文撤下，害怕是朋友不喜歡這篇貼文，更害怕大家會因此不喜歡你。

大家都會有身體、情緒和社交上這三種恐懼，而且它們都是威力強大而危險。我們都知道，有些人會利用恐懼讓大家聽話服從不要亂動，否則集體安全就會受到威脅。我們越是恐懼，就越不敢行動。

恐懼情緒的範圍

恐懼強度最低的一端是膽怯不安（見表3-4）。最高強度則是恐慌、驚駭和恐怖，這是會讓人感到癱瘓的壓倒性恐懼感。

焦慮感很重要，涵蓋全頻率。我們有時可能遭遇強烈的焦慮襲擊，但同時又對約會或新工作稍感不安。

觸發恐懼感

我們必定是體驗或聽到某種會威脅到安全的事物，才會觸發恐懼感。

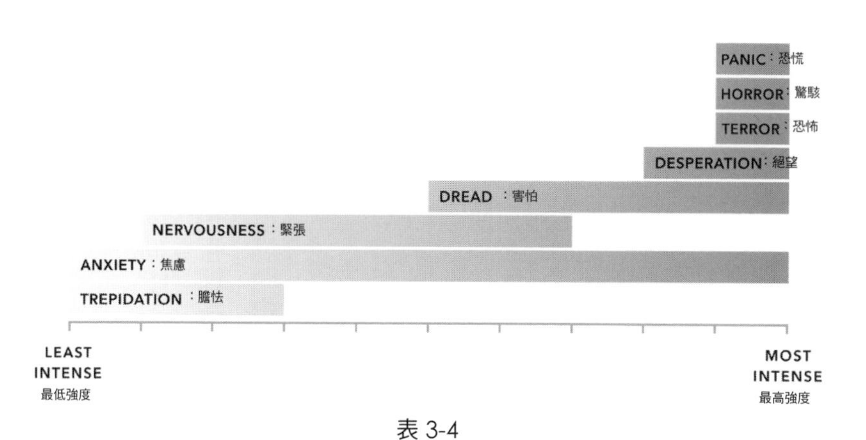

表 3-4

要是我宣布養貓會讓人得糖尿病，有人會對家裡的小貓有不同的看法吧！因為他們現在知道養貓對健康帶來新威脅。我要是提供統計數字說，糖尿病確診的病人中有八七%曾經或正在養貓，害怕小貓的人一定會更多吧！因為他們現在更清楚知道養貓和糖尿病的關係。

我要是再跟你說，我認識的一位太太原本頭好壯壯非常健康，但養貓六個月後竟然確診糖尿病！現在連你大概也要開始相信我了吧？各位可以回想一下，你認識或聽說的，曾經或正在養貓的人，他們有多少人患了糖尿病？你的答案如果是零，請再等幾年看看。

現在怕了吧？養貓當然不會得糖尿

病，我只是要讓各位知道，只要有一點活潑的想像力，就可以輕易觸發大家的恐懼感。

所以各位請記住，恐懼感常常肇生於極端經驗和幻想謠傳。除非是你自己的親身經驗，否則在恐懼那些毫無根據的事情之前，我強烈建議大家要好好做點研究，慎思明辨！

辨識恐懼感

恐懼的表情是眉毛緊繃抬高。有趣的是這時上半臉跟悲傷感類似，但眉毛抬得更高，眼睛也睜得更大。下半臉的嘴巴會不自覺地張開，但下巴繃緊。嘴唇和臉頰做出怪異笑容，雙唇後拉，整張臉的表情有點凍結（如圖3-4）。

無表情

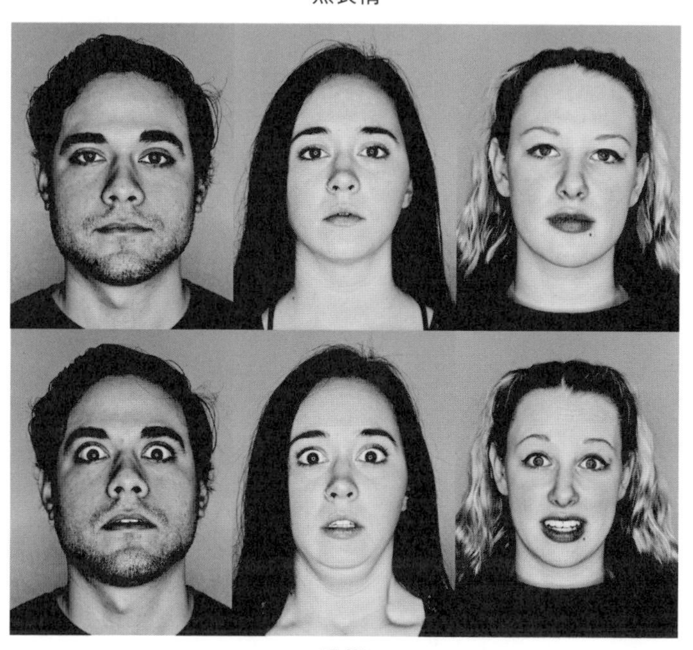

恐懼

圖 3-4

恐懼感的商業運作

消費者的購買，其實只有兩個原因：得到他們想要的，避免他們不要的。恐懼感的運作就是利用後者；要找到大家都害怕的東西，比找到大家都喜歡的要容易得多。而我們一脫離舒適區以後，通常馬上就會採取行動。

對此，行為心理學家懷特・伍斯莫（Wyatt Woodsmall）即指出：「在銷售方面，要是能找出大家最害怕的噩夢，讓大家以為置身其中……（他們）就會採取任何行動，來擺脫這種狀況。」[5]生存和舒適，畢竟是人生的頭等大事。

我最怕的事情，大概是細菌、尷尬難堪和損失，這些恐懼必定會影響我的購買選擇。為了躲避那些看不見的小蟲和細菌，降低因此罹患疾病的危險，我精挑細選除菌的來舒（Lysol）或道恩（Dawn）洗碗精，因為它們標榜可以殺死九九・九九%的「有害」細菌。我不想因為自己口氣不夠清新甚至帶有異味，而帶來社交上尷尬難堪的風險，所以我隨身攜帶破冰（Ice Breakers）口含錠或李施德霖（Listerine）爽口片。我害怕自己的房子遭遇火災或竊盜，到時可能因此喪失一切，所以我安裝了攝影監視系統和煙霧警報器，以便覺得焦慮不安時隨時監看。

不過公司也可能誤解甚至誤用恐懼。比方說，人事單位在招聘階段就讓應徵者太過緊張，這就不對了。來求職應徵的人如果太緊張，很可能表現不出平常實力，所以這時候要讓他們放輕鬆。在面試過程中，心情舒適放鬆的應徵者會揭示更多訊息，讓我們知道對方有多少能力，會有什麼貢獻。

管理階層也能運用恐懼來激勵大家努力工作，但同樣的，在很多情況下，例如在做績效評估或要求提供回饋意見時，反而會阻礙上下交流，無法達成有效而寶貴的互動。

厭惡情緒

厭惡竟然也是核心情緒，各位可能覺得有點驚訝，但這的確是我們人類

5 "How to Use Fear in Conversion Marketing Without Scaring Your Customers Away," *WeblyGuys.com*. http://www.weblyguys.com/blog/how-to-use-fear-in-conversion-marketing-without-scaring-your-customers-away/.

的重要本能，幫助我們找出對身心健康或人際交往有害的東西。

厭惡情緒的演化

厭惡的演化目的是確認那些對於健康安全的威脅，例如腐敗的食物，或看起來生病的人或東西。厭惡情緒能告訴我們，為了自身的健康、安全和舒適，必須跟某些事物保持距離。透過產生厭惡情緒，我們自然會遠離那些於己有害的狀況，讓自己不與之接觸來達到保護的效果。

隨著食品與健康的安全和標準逐漸進步，我們現在的厭惡情緒也漸漸跟疾病或食品脫鉤，而大都是反應在社交場合之中。

碰上那些常常不尊重或操縱他人的政客或企業，你會產生厭惡情緒。這種情緒警告你和這個人或企業接觸互動對你不利，所以你最好趕快離開。我們甚至會在毫無自覺之前，就已經盡最大努力在避免與之長期接觸。

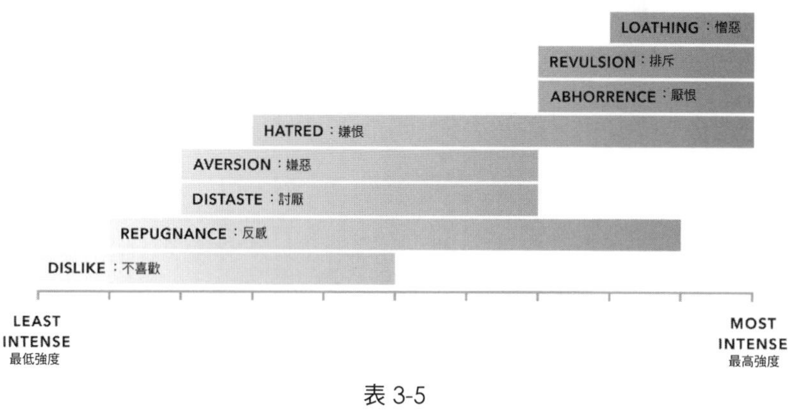

表 3-5

厭惡情緒的範圍

如表3-5，厭惡情緒最輕微的是平常的不喜歡，例如不喜歡看恐怖片、不喜歡吃某一品牌的冰淇淋。

程度最嚴重的厭惡，則是極為強烈的憎惡。我們非常憎惡的對象可能是他人他物，如果轉而向著自己，稱之為「自我憎惡」（self-loathing）。

觸發厭惡情緒

一個在感官上讓人不愉快的刺激，就能很快觸發厭惡感。也許是不好的氣味、震耳欲聾的討厭噪音，或者甚至只是幾個看起來很醜的色塊搭配。這時候的脈絡背景非常重要。有些人很喜歡汽油揮發的刺鼻氣味，但是如果在餐館裡頭，那種汽油味令人噁心厭惡。當然有些氣味是不分脈絡，大家都討厭的，比方說誰也不會把嘔吐氣味做成香氛蠟燭。

厭惡感也可以透過聽到或知道某些不堪情事而間接觸發。我光是聽到誰會虐待動物或兒童，馬上就對那些恃強凌弱的傢伙厭恨不已。

政客尤其喜歡觸發厭惡作為競選策略。二〇一六年的美國總統大選中，希拉蕊對川普發動厭惡攻勢，桑德斯（Bernie Sanders）也對川普和希拉蕊發動厭惡攻勢。在我們文化的每個主要方面，不管是宗教、商業甚至是在社群領域，都會對其他團體或想法蓄意挑起厭惡情緒，來為自己宣傳造勢。

辨識厭惡感

如圖3-5，感覺厭惡時，我們的上唇會盡量抬高。這個動作通常會讓上排牙齒露出，並在鼻子周圍、鼻孔上方和兩側產生皺紋，像是要封閉鼻孔腔以

無表情

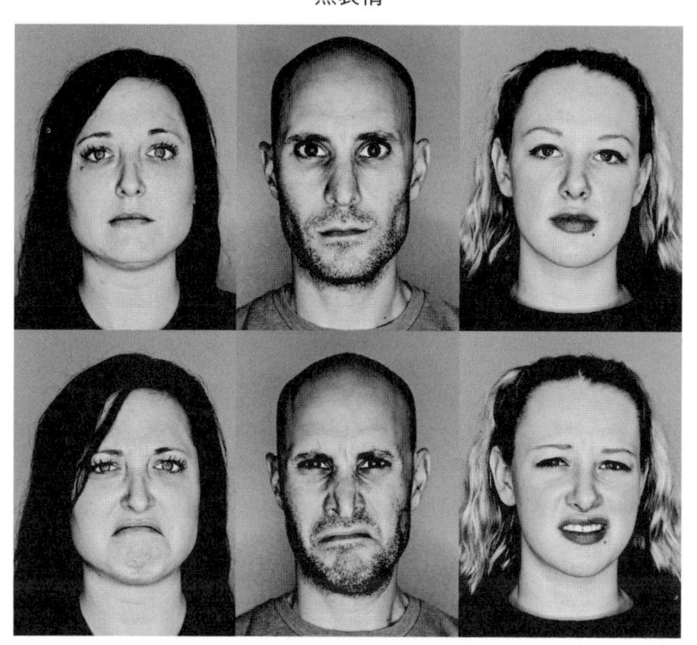

厭惡

圖 3-5

防止毒素入侵，不管空氣中是否真有毒素存在。

此時眉心也會皺起，像是生氣時的皺眉。眉毛整體下壓，臉頰抬高。心生鄙視的時候（這也是厭惡的一種）臉上表情也是一樣，嘴唇緊閉，但撇向一側噘起。在這種狀況下，鼻孔會比較張開。

厭惡感的商業運作

跟其他所有核心情緒一樣，厭惡情緒也可以運用在商業領域。有很多公司在市場行銷活動中向競爭對手發動厭惡攻擊，例如三星的商業廣告常常挑起觀眾對蘋果和死忠果粉的厭惡感，說買新iPhone還要排隊讓人多麼不爽，現在改用三星的新手機，完全不必排隊！就我來看，大肆宣揚自家新款手機沒人興奮期待、也沒人排隊搶買，似乎不是多高明的宣傳。不過三星忙著嘲笑對手，大概沒想過自己露出什麼醜態吧。

情緒溫度計

天生臭臉

你小時候可能聽大人說不要常常扮鬼臉，不然臉會變不回來。

令人驚訝的是，大人的警告其實某部分是對的。我們的臉如果常常做出某種表情，臉部肌肉會逐漸適應這個姿態，在特定部位強化和萎縮。這跟練舉重是一樣的道理，多做練習的話，雙臂會變得結實而緊繃，就不會自然伸直。

我們要是常常做出厭惡表情，臉部肌肉也會在這些特定部位緊繃和收縮，要是這樣的表情變成尋常狀態，就變成讓人不敢恭維的「天生臭臉」。就像身體其他部位的肌肉一樣，有些人某些部位的肌肉會比別人發達。天生臭臉的人也許對身邊的人常感不快，雖然沒說什麼但總是感到厭惡。不過也有可能只是臉部肌肉的天生配置，其實他們是面惡心善的開心果。

第六種情緒

第六種核心情緒是什麼呢？驚訝！

看不懂是吧。

我是說，有些心理學家認為「驚訝」可以說是第六種核心情緒。就好像我們說英語的母音字母只有「A、E、I、O、U」五個，但有時候「Y」也可以算是。

那麼驚訝怎麼也算核心情緒呢？**驚訝情緒大概只維持一秒，最多也只有幾秒，雖然不像其他核心情緒持續那麼久，但它會加強其他情緒**。各位要是對廚房跑進一隻獅子感到驚訝，那麼嚇一跳之後會覺得更加恐怖（或者是更加歡樂，如果你剛好是個貓派）。

觸發驚訝情緒

要觸發某人的驚訝情緒，必須做一些他們原本沒想到的事，例如假裝忘記重要紀念日，或躲在櫃子裡等人開門時嚇他一跳。

只要你能打破對方的情緒預期，就能達到驚訝效果。

辨識驚訝情緒

令人驚訝的是，驚訝反而是不好辨識的情緒。因為它只持續幾秒鐘，或者有時候看來更像是恐懼。

我們感到驚訝時，眼睛也會像感到恐懼般睜得很大，但眉毛不像恐懼時抬得那麼高，眉心也不會皺起。相反地，眉毛就只是抬高而已。另外，嘴巴可能不自覺地張開，但不像恐懼時那樣緊繃（如下頁圖3-6）。

驚訝感的商業運作

客戶和員工的獲得要是超過期待，當然就覺得高興，但要是期望得不到滿足，也會感到失望。

無表情

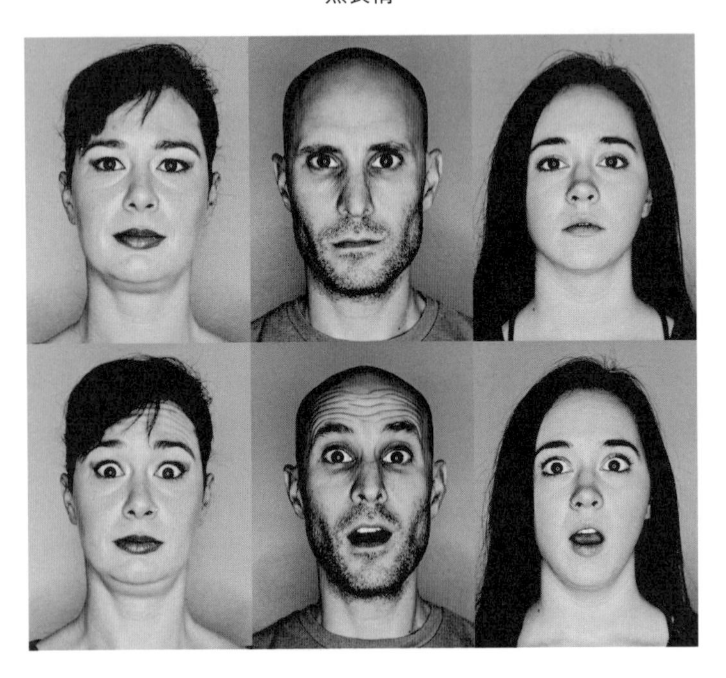

驚訝

圖 3-6

各位招呼計程車，是為了從甲地去乙地，並不是想跟駕駛聊天交朋友，或想要得到一瓶免費礦泉水。所以要是你跟駕駛聊得很愉快或者真的獲得一瓶礦泉水，也許就會因為驚訝而感覺更愉快。

讓人們覺得舒適愉快，人們就會想跟你在一起；各位請記住，這就是歡樂的演化目的。只要你做出一點好事，就能提升歡樂感；要是再搞出一些小驚喜，那個歡樂還會更強烈。

各位可以想像一下，你上健身房辛苦鍛練，連櫃台接待人員都看在眼裡，對你的進步讚賞有加，這會讓你感到驕傲，而且很想再回去多練一下吧。你要是撥出一天讓員工去戶外活動一下，讓他們出去走一走，跟同事一起玩點什麼遊戲，他們必定驚喜萬分。

每家企業都要好好考慮，怎麼讓客戶和員工感到驚訝和滿意，讓他們在毫無期待的情況下感覺超讚。

後面的討論中，我就不把驚訝稱為核心情緒，而是當作核心情緒的促進劑。

情緒的共同體驗

到目前為止我們討論的，都是個人的情緒體驗，但要是多人同時一起經歷相同的情緒呢？

我身上有一個雨傘圖案的刺青，是為了紀念我奶奶，她是我們家的哈啦天王。我奶奶可以跟任何人聊天，不管你是在排隊、喝酒還是在搭飛機，她都能跟你聊到西班牙！她很厲害，跟誰都聊得起來。因為她很會找話題，那真是普天之下、率土之濱都有的共同話題。她跟陌生人對話就以「現在這天氣怎樣怎樣」或者「我聽說這星期會下雨」，然後話題就點燃了。她從沒失敗過。

雖然她的開頭只是陳腔濫調，但她本能上就是知道天氣話題大家一定都有感，她知道我們所有人都會受到天氣的影響。不管對方是誰，是做什麼工作或信仰什麼，她都能利用天氣預測跟大家聊上幾句，共度一段時光。

大家一起坐在戲院看電影，也是同樣的道理。大家聯繫在一起，是因為彼此同時對相同事物產生類似的情緒反應。我們看電影大都想找個伴一起去，也是相同原因。在同一時間和大家一起經歷相同情緒，才會覺得身邊有伴，才不會孤單。

九一一事件之後那段時間，美國人幾乎都在同一條情緒大船上漂盪。大家一起感到悲傷、憤怒和恐懼，共同經歷這些情緒，整個國家也更加團結。「團結自強、屹立不搖」的口號，前所未有地深入民心。

經歷相同情緒事件的人，都會發現彼此更加親近，例如一起遭遇嚴重車禍的夫婦或情侶，一起困在故障電梯裡的同事，同一個部隊的士兵戰友。當我們跟另一個人或一群人同時體驗情緒，就會形成一種連結關係，我們的社群意識也會因此增強。

情緒的股票指數

在結束本章之前，讓我們將到目前為止所學的知識應用到情緒經濟學。五大核心情緒雖然可以混合，而且有無限搭配的可能，但每種核心情緒跟股票一樣，都有自己的獨特價值。各位其實也都在這些情緒股票市場裡頭，擁有五大核心股票的一些持股，其中有些股票在上漲、有些在下跌。為了更清楚說明這一點，請各位想像醫生勸你使用新設備，把你感覺到的情緒和強度用腦波圖（EEG）記錄下來。各位用習慣以後，就會發現這些線圖紀錄會顯示出情緒的起起伏伏，就像股價線圖一樣。你感受到的強烈情緒，就像股價飆向高峰，憤怒和厭惡等類似情緒也可能同時上揚，讓你的情緒股市超越巔峰。

一群人的情緒變化也是一樣的，我把這種起伏稱之為「情緒股票指數」，人群的某些情緒會一起升高，另一些情緒會一起低迷。一九六九年人類首次登陸月球的時候，大家的情緒股市都顯示歡樂和驕傲飆升；一九九九年柯倫拜（Columbine）校園慘案[6]發生時，大家又一起陷入悲痛深淵。

各位如果把自己的情緒股市和朋友或家人的情緒股市做比較，你就會看到它們之間如何相互影響，不斷地互相觸發、增強、提升或降低。

當你想賣出股票時，也許是想為某人做點好事，希望他們也會買進你的快樂持股；或者在你心情很不好，士氣正低落的時候，也想做點什麼事情來減少憤怒持股。

不過情緒股票市場與金融股票市場不同的是，情緒股市並非零和遊戲。賣家不會因為做交易，就會失去自己的情緒持股。情緒持股會自己補充，常常和他人情緒一起創造出更多情緒。

不管各位是否意識到這一切，我們心中都會有這樣的情緒股票系統。

透過情緒邁向成功

現在各位已經了解五大核心情緒，它們如何影響我們的所作所為，以及我們會如何行動。我們因此要密切注意情緒在商業領域的流動過程，它會從領導者傳遞到員工，從員工傳遞到產品，從產品傳遞到客戶，又從客戶傳遞到他們的朋友。

下一章我們要探討公司背後的動力「原因」，如何從以人為本的宗旨導向意義深刻的有效領導和最大努力，激發出員工的最佳工作表現。

6 一九九四年四月二十日於美國柯倫拜高中發生的槍擊事件，造成二十四人受傷，含行兇者在內十五人死亡。

PART

商業中的情緒運作

EMOTION IN BUSINESS

第4章

永遠以企業宗旨為原則

是的，總統先生，我也幫助大家把人送上月球啊！
——美國太空總署一位不具名工友回答到訪的甘迺迪總統，一九六二年

先有宗旨才有一切。

組織要先找到宗旨，這才是日後所有商業決策的基礎。崇高偉大的宗旨，不只是個簡單的目標而已，它同時能為員工和客戶提供情緒價值。企業標舉宗旨何在，最能說明它希望客戶能有什麼樣的情緒體驗。

有意義的宗旨不會只是想賺錢而已。當然提升營收、實現獲利也是必要的目標，但你只要把工作做好，獲利自然就會出現。而所謂的做好工作就是高層主管能跟員工建立情緒連結，一起邁向企業的宗旨與成功。

要定義宗旨，必須先了解自己的消費群眾，找到你想為他們提供的服務，知道你想為他們帶來什麼感覺。如此一來，公司的宗旨才能跟寶貴的情緒緊密連結在一起，才不會只剩一些像是低價或方便性等理性標籤而已。

比方說，如果以「成功交付貨品」來描述企業宗旨，也許是商業模式特別好、完成率特別高，但這也很容易被對手模仿而遭受競爭挑戰。到最後，要是有一家公司在相同價格和相同服務水準下，如果還能附帶快樂和幸福的感受，你覺得未來會是如何？那些客戶要是跟你的公司毫無情緒聯繫，一定很快就被拉走。

蘋果和微軟公司一開始在電腦的圖形操作介面進行競爭時，兩者提供的產品基本上是一樣的，甚至連操作系統的差別都不大。但是，微軟的胸懷大志只是「在每個家庭和每張辦公桌上安裝一台電腦」，而蘋果則是公開宣稱「要生產思考工具，為促進人類進步做貢獻」作為企業使命。

蘋果公司沒說要幫你解決所有問題，甚至沒說它在做電腦，但它所標榜的使命要比「我們要在你桌上裝電腦」重要得多。這個就是情緒宗旨（emotional purpose）和理性宗旨（rational purpose）的差別，也是企業長期成功策略與短期目標的不同。

從短期來看，微軟雖然一時擊敗了蘋果，但蘋果知道怎麼運用情緒宗旨，才能造就今日全球第一家總市值兆元級的超級企業。

「宗旨」「價值」與「願景」的差別

在深入探討「宗旨」之前，讓我們要先釐清「價值」與「願景」的概念，這兩個專業術語因為大家使用過度而遭到貶低和看輕。

「價值」「願景」和「宗旨」，不只是企業文化常用術語，其實也都帶有現實意義。對於這三個詞的意義，各位大致可以用「作法」「內容」和「理由」三種概念來呈現。

企業建立的價值觀，可以描述這家公司準備怎麼做生意，這就是作法。它所標舉的「價值」即是企業對於員工及合作夥伴應該有何作為的信念、理想和準則。

願景要提供的是內容。「願景」要確定公司準備實現什麼目標、在什麼時候實現。隨著時間的經過，願景也許要做調整或改變，但價值觀則很少改變。

至於一家公司的宗旨，應該永遠不變。公司存在的理由，應該永遠固定下來，就像北極星一樣不動。賽門．西奈克在著作《先問，為什麼？》就說，在決定願景和價值觀之前，公司的宗旨要先確立。[1]

先確立企業宗旨，把它當作指引方向的北極星，大家方向一致，就會從「作法」或「內容」出發且更加快速。

一家公司是為何開始、要豐富充實誰的生活、要如何去豐富充實大家的生活？找尋這些問題的答案，就是開始找尋情緒宗旨。

鼓勵員工與客戶

只有情緒宗旨，才能激發出真正優秀的偉大事業。因為精心設計的情緒宗旨，會把任務變成一種成就。

1 Simon Sinek, *Start with Why: How Great Leaders Inspire Everyone to Take Action* (New York: Penguin, 2009).

各位現在請回到本章開頭，再讀一次引用的名言。這其實是甘迺迪總統生涯非常出名的一個場景，當時他正在美國太空總署參觀，碰到一位工友，就用非常友好的口吻問對方在忙什麼。那名工友回答：「是的，總統先生，我也幫助大家把人送上月球啊！」這個回答向我們展示，對任何一家公司或組織來說，你設定的宗旨是多麼重要！這是一個理念極其清晰、令人興奮無比感動的偉大組織，而這位名字未被記錄下來的工友，也認為自己是這個偉大組織的一部分。

這位工友也許認為，把這地方打掃乾淨，減少混亂和壓力，就是幫助工程師完成工作，讓太空人可以完成艱鉅任務。說到底，這不就是幫助大家把人送上月球嗎？

對於「為何而做」這個問題，你的公司要是有人無法說出簡單而明確的答案，現在也許就該好好考慮一下，為公司找個符合情緒連結的宗旨。

創造幸福感

各位的宗旨要是能深深刻在每個員工的心中，自然就會在你的行銷活動和產品服務上表現出來，你的客戶也自然而然會有所理解。

迪士尼樂園標舉的宗旨非常清楚：「創造幸福感」。這家公司的使命聲明非常簡單也非常清楚地闡釋這一宗旨：[2]

「不分東南西北、不分男女老少，我們提供最佳娛樂，為大家創造快樂幸福！」

迪士尼的客人也許沒聽過這份聲明，但園區的所有員工都身體力行地表現出來。因為他們都受到情緒宗旨的振奮和感動。所以每個進園參觀的遊客都能領受公司的努力，每次踏進園區大門就會體驗到公司的宗旨。「創造快

2 Barbara Farfan, "Disney Store Values and Mission Statement: Inside the Unique Formula of a Unique Founder," *The Balance Small Business*, September 23, 2018, https://www.thebalancesmb.com/disney-mission-statement-2891828.

樂幸福」這個宗旨，有效推動遊樂園的**每一個設計選擇、促成每一個神奇的時刻，也振奮了園區每一個員工。**

開發忠誠粉絲

迪士尼被認為是一個受到狂熱崇拜的品牌，它擁有一群熱誠忠實的追隨者，包括客戶也包括員工。這不只是因為迪士尼公司歷史悠久，或是因為在娛樂產業舉足輕重的至高地位。事實上歷史悠久又舉足輕重的企業很多，但它們在吸引忠誠粉絲方面都不像迪士尼這麼成功。

擁有熱誠追隨者的企業有個共同點：在產品和營運程序之前，他們首先考慮到人。這些代表性公司如世界知名的蘋果、迪士尼、耐吉、星巴克和可口可樂。現在有許多年輕的公司，像是網路鞋商龍頭薩波斯（Zappos）和阿拉莫連鎖戲院（Alamo Drafthouse），也努力建立形象，讓自己成為重視員工也重視客戶的企業。

且讓我再強調一次：**這些公司不只是重視自己的客戶而已，他們是把所**

有人都放在第一位。

在這些知名品牌和企業中，麗思卡爾頓飯店也有很多忠誠粉絲追隨。所以該公司以人為本的座右銘也就讓人不覺得奇怪：

「我們是服務女士先生們的女士先生們。」

標舉這樣的理念，既明白宣示自己的宗旨，也設立了行事作為的標準。他的員工不只是男員工和女員工，而是跟所有尊貴客人一樣的女士和先生。這樣的員工是一群為專業人士提供服務的專業人士，公司對這兩群人都一樣重視、也同樣尊重。

有很多組織和企業都曾表示，員工是他們最重要的資源。但麗思卡爾頓更跨出一步，在其使命宣言正確無誤地傳達這個理念，把它融入培訓、體現於日常營運之中。

創造感動人心的企業宗旨

妥善陳述宗旨，可以從內、外兩個方面來提供刺激和鼓勵。內在動機就是發自內心深處的激勵，希望自己伸出援手提供幫助，想要跟他人相互聯繫與連結，並因此而有所成長和發展。外在動機方面則是透過金錢報酬、社會形象與社經地位等外部因素來作為鼓勵。但是這個宗旨如果妥善設定，所帶來的內在價值更勝於外在誘因。

也許是因為**內在價值具備更長的保鮮期**。

外在價值通常維持時間較短，而且常常產生變化。金錢價值就會因為你所處的地理位置和社會地位不同而變化。這兩個因素會讓外在價值難以維持絕對和固定：同樣是一百美元，我在一個小鎮可以買到更多東西，如果是在紐約這種大都會恐怕就沒那麼多選擇。

內在因素則是我們生命中更為基本的動機，它的變化也非常少。大多數人都樂於助人，而且很可能一生都是如此。今天如果有某家公司讓我相信，它的存在就是為了幫助別人，或者是可以協助我來幫助別人，那麼我當然更願意和它做生意，因為這更符合我的基本動機。

就算是為別人賺錢，也要在宗旨陳述和行動設定中建立內在動機。比方說，房地產經紀人都會加入房地產公司，他們為什麼不自己做呢？房地產公司會說：「按照我們的方式做，你很快就能賺到六位數！」這個外部誘因當然很吸引人，但大多數經紀人會加入公司都有更深刻的原因：加入公司後在財務上比較有安全感，而且感覺有所歸屬。這些就是表達我們核心動機的內在訊息。

六旗樂園與永無止盡的形容詞

迪士尼「創造幸福感」的宗旨，或說是使命宣言，也可以拿來跟同樣經營大型主題遊樂園的六旗樂園（Six Flags）做比較：

迪士尼：「不分東南西北、不分男女老少，我們提供最佳娛樂，為大家創造快樂幸福！」

六旗樂園：「（我們的任務是）運用音樂、戲劇、運動、電影和電視，創造全世界最棒的遊樂設施。」

注意到了嗎？六旗只說到產品，沒有提到人，也不能帶給大家什麼啟發。這個宣言談不上什麼宗旨，只是說明公司能提供多好的品質，完全是要做買賣的口吻。

公平地說，六旗確實不負使命，他們過去的確是在追求最快、最高、最驚險刺激的雲霄飛車。但是，六旗的主題樂園似乎跟聲明一樣，對於本身能為遊客帶來什麼感受，似乎是毫無興趣去挖掘和探索，當然也沒什麼要素可以激發忠誠度。

六旗竭盡所能提供不同體驗，避免跟迪士尼一樣，卻還是被迪士尼比下去，六旗團隊一定覺得很奇怪。但是像我這麼重視客戶體驗的人看來，六旗的團隊似乎無法理解迪士尼成功的根本原因：情緒價值。

六旗已經破產過一次，至少有一部分原因，就在於它所能提供的客戶體驗很有限。玩過雲霄飛車之後，這些主題樂園可曾帶來什麼情緒聯繫，讓你會想再來玩一次？儘管六旗樂園可以運用華納兄弟卡通系列樂一通（Looney Tunes）和「DC」漫畫的角色人物，卻還是創造不出迪士尼樂園的「情緒體驗」。六旗也許可以做出很棒的遊樂設施，卻不知道自己必須為遊客創造體驗。

深入人心的宗旨陳述

要在與競爭激烈的對手公司之間，找到宗旨陳述明顯不同的例子並不難。比方說，愛迪達的宗旨陳述如下：

「在體育用品產業成為全球領導者，建立熱愛運動、促進運動生活的品牌。」

耐吉的宗旨陳述是：

「為全世界每一位運動員帶來靈感和創新！」

光是這樣，各位一定就看到這兩個聲明很不一樣：一個以產品品質為中心，而另一個則是以人為中心。

耐吉的方式是直接跟運動用品客戶建立情緒聯繫，甚至是說只要你有個身體能動，就是運動員。所以耐吉的行銷都是針對消費者的情緒做訴求，也就不讓人意外。我請教各位，你記得愛迪達的口號嗎？大概不記得吧。但是耐吉的口號呢？「Just do it」現在早就傳遍全球，大家朗朗上口，也能把消費者和耐吉的品牌聯繫起來。

唐金甜甜圈（Dunkin' Donuts）的宗旨陳述是：

「在商品齊全的現代化店面，製作最新鮮、最美味的咖啡和甜甜圈，以快速而有禮貌的方式提供服務。」

唐金謹慎而適度地談到產品、營運和店面，但是完全沒說到它的員工或它要服務的客戶。咖啡是人煮的，甜甜圈是人做的，而且喝咖啡、吃甜甜圈的，也是人啊！生產咖啡和甜甜圈的公司，其宗旨陳述怎麼都沒談到人呢？

跟唐金形成鮮明對比的是星巴克的宗旨陳述：

「啟發並培育人文精神，每個社區的每個人、每一次的每一杯。」

我必須說，這真的比「最新鮮、最美味的咖啡」更讓人耳目一新。

當你的「為什麼」以人為中心，考慮的是要怎麼豐富大家的生活，那麼這從一開始就會變成更多人喜愛的品牌。你的宗旨陳述要是明確表示要服務大眾，那些人就會做出正面回應。六旗、愛迪達和唐金甜甜圈都以自己為中心，只提供物質性的外在價值：「世界上最好的遊樂設施」「熱愛運動的品牌」「最新鮮、最美味的咖啡」。

但迪士尼、耐吉和星巴克則是以追求快樂幸福、促進個人成長和強化人際聯繫為宗旨。每一個主張都傳達出強烈的內在價值，直接對消費大眾展開訴求。

心懷宗旨的員工

現在的就業市場，你在哪家公司或組織工作，跟你的工作內容一樣重要。如今大家找工作的時候，比過去更注意各家企業的文化，而且會在許多求職網站找尋前員工爆料和各種職場資訊的分析。

一家公司要有訴諸情緒、以人為中心的宗旨，而且在企業網站上清楚明白地傳達出來，在每日營運中切實遵行設定的宗旨，自然就會吸引志同道合的人信任這家公司，相信他們揭櫫的宗旨。

比方說，民營航太業者「SpaceX」公司要找到優秀的工程師一直沒什麼困難，因為這家公司說要「幫助人類成為跨星球物種」。能夠為解決全人類大問題做出貢獻，那些航太科學家哪個不激動、哪個不想挺身而出？

動畫製片大廠皮克斯公司（Pixar）在尋找人才時，也是強調企業文化和工作環境，不僅僅是薪水、營收或全體員工過去達成多少成就。皮克斯會讓大家都知道，你要是進來這家公司，就能跟業界最厲害、最有創意的人一起工作。

宗旨驅動的職業生涯

員工抱持的宗旨不但對他們自己很重要，對客戶也很重要。

各位要是有機會比較六旗的員工和迪士尼樂園的角色人員（cast members），你馬上就會發現很不一樣。迪士尼員工似乎真的很高興能在那裡為大家創造快樂幸福。你光是在那裡看就會覺得：「他們一定很熱愛自己的工作！」

各位要是沒空跑一趟主題樂園，也很容易就能看出唐金甜甜圈和星巴克員工的工作態度大不相同。

各位的目標如果是要做出最新鮮、最美味的咖啡和甜甜圈，那麼你跟星巴克的員工比起來，一定對那些進門顧客比較不感興趣。星巴克咖啡師的目標，就是在城市角落用一杯咖啡激勵和培育一位客人的人文精神。強調社區連結也強調人文精神，兩者一樣重要。因為星巴克員工每天都碰到附近的熟客，每天也都有機會身體力行公司的使命和宗旨。

我最喜歡去的那家星巴克，有一位咖啡師叫「雷吉」，他記得我的名字、知道我要點什麼，我們一碰面就能繼續前一天中斷的話題（他正在讀飯店管理課程，而我總是談到我這本書）。我也不是不喜歡唐金甜甜圈，但我覺得星巴克跟我更有感情。

不管你的公司組織規模大或小，這些原則也都適用。各位如果是小型珠寶商，每個月只在地方市集擺攤一次，也還是要跟大公司一樣先設定宗旨。也許你希望讓顧客感覺大膽、新鮮又驚奇，那麼你的設計就要朝著這個方向走。你設計的珠寶要是不能使人眼睛一亮，那就不符合你的品牌設定，你不應該賣那種東西。

行動勝於雄辯

我雖然主張宗旨陳述的用字遣詞一定要精確，但聽其言也要觀其行，行動最終還是勝於雄辯。我們大可整天放送搞宣傳，但大家不見得會完全相信你，除非我們的行動確實朝向設定的宗旨。

你只要把你宣傳的那些事情做出來就對了。

身為企業領導者，雖然可以運用數據資料、設計規畫、超前部署來指導決策，但我們永遠不要忘記，推動所有人類活動的原動力是情緒，並不是邏輯。所以從長遠來看，讓情緒宗旨做主導才最是有利可圖。

美國CVS連鎖藥局為了實現「建立更健康社會」的目標，而不再販售菸草製品，雖然失去老菸槍的生意，卻爭取到許多終身客戶對其宗旨讚譽有加。因為CVS藥局確實貫徹自己設定的宗旨，成功換來這些老客戶的更加忠實和喜愛。

可汗學院（Khan Academy）和維基百科承受很大的經濟風險，來提供免費的教育課程和知識傳播，但總體而言，它們都已經具備長期發展模式，是非常成功的組織。兩者這麼多年來致力於貫徹使命，建立龐大的圖書資料，也吸引了許多熱情的支持社群。

由於電腦網路的強大功能，如今任何企業要是稍有違背當初宣稱的宗旨，消費者很快就會做出回應。比方說有兩位黑人只是想去星巴克上廁所，就被費城警方上銬逮捕，這個事件馬上被客人用手機拍下，在網路上四處廣傳，吸引了幾百萬人次的點閱觀看。民眾對於對星巴克打電話報警的處置方式，馬上給予強烈而嚴厲的譴責。

你一旦違背設定的宗旨，大家都會注意到。

如何定義宗旨

各位開始擬定宗旨陳述時，一定要先仔細考慮，審慎決定。畢竟這會是指引公司未來幾年甚至是幾十年方向的燈塔（不要感覺壓力太過沉重）。

要開始進行這項任務首先必須知道，定義宗旨是要說明你選擇這項業務的原因。是要解決某個問題嗎？是希望對他人的幸福、成功或安全保障有所貢獻嗎？再來要問，你會豐富充實誰的生活？想想大家的生活會怎麼被你豐富起來。當他們跟你的企業互動時，你希望他們有什麼感覺？不能只說「幸福」「快樂」，而是更加深入地探索挖掘。你是不是想要為他們消除生活中的恐懼或沮喪？或是想為大家帶來一種解脫釋放或啟發靈感？最後是要描述你要做什麼或準備怎麼做，這樣也很不錯。這不是要解釋「為什麼」「誰」或「如何」，僅僅是說你要提供「什麼」。你要提供的是食物、工具、專門技術或某種社交關係嗎？

我們來看一下其他一些公司是怎麼做的。比方說，食品大廠家樂氏（Kellogg's）的宗旨是「養育千家萬戶，讓大家蓬勃發展和欣欣向榮」。與其說是穀物食品，不如說家樂氏更關心你家人的健康福祉。

大型保險公司AIG的宗旨陳述是「幫助大家管理風險，擺脫意外損失的困境，早日恢復」。這個說明分成兩部分，非常恰當地回答「什麼」和「為什麼」。而且這兩個部分也都帶有核心情緒的訴求：管理風險可以減少恐懼感，擺脫損失恢復正常可以降低悲傷。

各位必須注意到，這些公司是直接告訴我們，他們要怎麼豐富我們的生活，而豐富客戶生活就是其商業宗旨。

幾年前，房地產數位廣告業者REA集團執行長葛雷格．艾里斯（Greg Ellis）說：他公司的宗旨是創造一套房地產流程，讓大家在買賣房子的時候可以「簡單、有效且沒壓力」。要是強調公司只是想讓買賣流程更簡單、更有效率，那麼REA集團跟其他競爭對手也沒什麼不同。但是艾里斯特別強調「沒壓力」，就拉高整個生意的層次，這是要幫助大家消除沉重壓力，解決買賣房子很容易引發的焦慮和恐懼。

REA集團知道客戶在情緒上可能覺得焦慮，而公司正可以幫助減輕這種恐懼感，所以透過這樣的用語，建立客戶的信任感。

所以用字遣詞重要嗎？當然！

但REA公司如果能在員工培訓與客戶服務的過程中確實做到「沒壓力」這一點，那麼它所標舉的宗旨對員工、對客戶都具重要的情緒意義。要是不能貫徹實行，那就完全沒意義。

只要真心誠意打造出童叟無欺的真實宗旨，也就不需要你或員工每次做決策都要一再地宣揚。這個以宗旨為導向的行動方針，會成為第二天性。當你和團隊開始身體力行公司宗旨，客戶也會跟著一起這麼做，有時甚至是不知不覺就開始了。

重要的是，你的宗旨陳述可以引發客戶的共鳴，幫助你做出業務決策，鼓勵員工盡責盡力。但最重要的是對你有什麼意義，因為整個組織的未來是由你決定。

要是你的宗旨陳述連自己都感動不了，你無法以身作則，也就難以吸引或留住那些為實現目標而一起打拚的寶貴員工。

第5章

情緒下的領導優劣

除非大家知道你很關心，否則沒人在意你知道多少。

——美國老羅斯福總統（Theodore Roosevelt）

為組織制定以人為本的明確宗旨後，就該更進一步運用這個堅實基礎，以情緒力量來領導組織。

世界經濟論壇（World Economic Forum）每年都會發布商業趨勢報告，涵蓋主題十分廣泛。二〇一七年的調查報告中指出，情緒智商（emotional intelligence）在未來十幾年將是人才招募的主要考量。[3]報告中有許多不同產業的人事經理都強調，情緒智商的需求會更大，甚至比過去十年來招募最多的程式設計和設備操作等專門技術人才更重要。

為什麼人才招募的重點會改變呢？由於科技的快速發展，電腦也開始分擔後勤和體力勞動後，企業就更需要關注勞動中的情緒因素。

過去有一段時間，我們認為領導者最重要的特徵之一，就是不應該被情緒因素所左右。一旦需要做出艱難決定時，大家都認為受到情緒因素影響會帶來不好的結果。事實證明也的確是如此，尤其是在過去三十年來，很多大企業都是由一些大家所熟知的「優秀混蛋」（brilliant jerks）建立，像蘋果的賈伯斯、臉書的祖克伯、Snapchat的伊萬・史匹格（Evan Spiegel）、Uber的崔維斯・卡拉尼克（Travis Kalanick），和其他一些人大家公認既天才又混蛋的大人物。

對那些厲害混蛋的問題，稍後會再詳細討論，我們現在要注意的重點是，過去那種類型的領導人才會成功的大環境，如今已經出現變化。由於社群網路的發展，現在資訊和情緒的傳播速度非常快，過去那種優秀混蛋人格特質的領導模式已經過時。

3 Alex Gray, "The 10 Skills You Need to Thrive in the Fourth Industrial Revolution," *World Economic Forum*, January 19, 2016, https://www.weforum.org/agenda/2016/01/the-10-skills-you-need-to-thrive-in-the-fourth-industrial-revolution/.

在情緒加壓的世界進行領導

置身於情緒加壓的世界中，企業領導者不管是要帶領龐大員工或寥寥數人，都必須先了解情緒經濟學。

全球最成功的創投業者「Y Combinator」公司的聯合創辦人保羅．葛雷姆（Paul Graham）也早就發現並接受這個趨勢。有一次被問到優秀混蛋和當今社會的關係，葛雷姆回答說：

> 我們已經投資過好幾家幾十億美元的新興企業，那些創辦人都是好人。根據我們所看到的，到目前為止，好人都比混蛋更有優勢。這可能是因為，要成為真正大企業必須帶有使命感，好人才更容易懷抱如此的真心誠意，而不只是為了金錢或權力。[4]

換句話說，同情共感已經取代支配控制。

展現情緒智商

情緒智商是什麼意思呢？就是你可以辨識他人感受的能力，據此預期他們的需求。這也表示你要了解自己的情緒感受，知道它們會怎麼影響你的行為。各位要是能了解自己當下的情緒，就要利用這些資訊為自己的情緒負起責任。對剛開始做練習的人來說，就是要抵抗衝動，不要讓自己變成一個恣意發洩情緒的混蛋，要專心關注對方的情緒，並且給予正面鼓勵。把這套概念和前一章結合起來，意思就是：

了解情緒才能讓你專注重點，集中力量，激勵團隊，實現公司的宗旨。

要做到這一點，你要先學會辨識自己的情緒，並以正面、積極而負責任的態度加以運用。事實上，了解和運用你個人的情緒智商，大概就是你人生中最重要的責任。

知道這個事實以後，我們就可以開始了。再來是要討論在人員管理與交

---

4 "Why Tech Founders Who Act Like Jerks Become Rich and Successful," *Inc.*, January 14, 2014, https://www.inc.com/alyson-shontell/why-some-tech-founders-behave-badly-and-findsuccess.html.

流時如何有效運用情緒。本章的最後，我們要介紹理性決策與情緒決策的差別，以及在商業環境中的實際狀況為何。

發展個人情緒智商

以前發生過一件小事，讓我了解領導者應該怎麼運用情緒智商。

我高中剛畢業的時候，在蘋果商店（Apple Store）工作。我們一直很努力提升顧客在店裡的體驗，我對一些改變和新作法覺得非常興奮。其實我才進去沒久，就被指派擔任指導員的工作。我擔起新職責，跟大家一起努力。

但也許是努力得太超過。擔任新職務沒多久，雇用我的資深經理和一個幾個月前才到任的菜鳥經理把我叫進辦公室。那個菜鳥顯然很生氣，他一坐下來就用手指著我，大聲嚷著：「你再亂搞嘛！我們現在就來談談你的角色！」我完全不知道他在說什麼，但是我當然知道他在罵我，而且口氣很差。我覺得很困惑，也不知道該回答什麼，而且那時候很年輕——這表示我當時情緒控制的道行不太高，所以我哭了。

但是他沒有給我任何有建設性的回饋，甚至連我到底做錯什麼都沒說，也沒告訴我要怎樣才可以做得更好。因此當我跟他一樣以憤怒回應時，他反而指責我不能好好接受他的意見。

如同之前引用過的瑪雅．安潔若的名言，「別人可能會忘記你說過什麼，忘記你做過什麼事，但大家都不會忘記你給他們帶來什麼感覺」，這時候真是非常有感。我已經不記得那之後是怎樣，或者我們在那裡吵了多久才離開辦公室，但我還記得自己當時感覺很糟。

過沒多久，出城辦事的店長強尼回來，他找我到後頭坐下來，要跟我好好談一下這件事。他說：「那次對話我想再談一次。」這時我眼眶又紅了，而且覺得很難堪，因為他大概也聽說我哭了。「但是在我開始說之前，我要向你道歉！」他繼續說道：「用那種方式跟你提意見，不是我們蘋果商店的作法。你應該知道，店裡的每個人都認可你有改善周遭事物的能力。我想是因為你可以解決問題，而他們花更多時間和資源也沒辦法，所以有些經理大概會嫉妒你吧！」

他一說完，我馬上就笑了。所有的憤怒、悲傷、尷尬和難堪都不見了。

就算他只是在開玩笑，強尼在指導我以後怎麼改善工作方式之前，就先平撫我的負面情緒。他認可我的能力，但建議我要更融入整個團隊，注意跟大家的合作。

這位情商高手的領導者向我解釋，每個人都有超能力，也就是自己的獨特能力。我的超能力就是擅長解決問題。自己的錯誤自己解決，這沒什麼不好，但總不能一直都是自己一個人，自己獨自工作。他解釋說，大家都應該善用自己的超能力，互相幫助，一起成就。

強尼知道我的處世方式相當笨拙，但他了解情緒的運作方式，所以就算是感到失望或沮喪，也都會表現出積極正面的態度。其實那個新來的經理想說的，跟強尼完全一樣，但是我就是一句話都聽不進去，除了雙方嗆得臉紅脖子粗之外什麼也不記得。

那個經理用那種方式，不管對我說了什麼，也絕對得不到他所想要的回應。

溝通交流的困難

對比鮮明的是，強尼就很明白，不管你的本意出發點有多好，溝通交流的成敗完全取決於接收者的感受如何。事實上，溝通的重點完全就在於它能引發什麼樣的反應。對方如果搞不懂你在說什麼，你作為溝通者就有責任把它說清楚，了解接收者的困惑何在，而且要加以解決。要是你用負面情緒來包裝訊息，而對方也做出負面回應，這也是你的責任，必須由你這一方來重新建構訊息。

我們在傳遞訊息的時候，常常都沒注意到言語表達帶著什麼樣的情緒。我們太過注重語意邏輯，以為沒人在意我們用什麼聲音語調。但是你的語氣如果是生氣、嘲諷或擺出一副趾高氣昂的樣子，對方常常只注意到你的口氣很差，卻忽略你到底說了些什麼。

只有少數受過訓練的人才能排除情緒渲染，專注接收對方想要傳達什麼訊息，例如部分醫護人員、急難救助接線員、警務人員、一些零售僱員和教師。但就算是這些人也無法完全擺脫情緒渲染的影響。這些人在工作時也許都能保持專業姿態，但在自己家裡或個人交際上也沒辦法不受影響。

高情商領導者的特質

高情商領導者都會表現出一些特徵。這些特徵都不是出自遺傳，而是經過多年努力才能培養出來，也是高情商領導者都會有的重要特徵。

敏銳注意自己感受

像強尼這樣的高情商領導者，會敏銳注意自己的情緒變化。你要先意識到自己的情緒起伏，才能夠進行調節和疏導。

碰上狀況時，你應該先問自己：「我對此有什麼感覺？如果需要採取行動的話，我的感受會如何影響下一步行動？」強尼在找我談話之前，一定已經問過自己這個問題。那個新來的經理就沒做到這一點，反而讓自己的挫折感持續升高，最後任由情緒自行爆發出來。

願意接受不完美

高情商領導者知道自己並不完美，在做決策以及和員工、客戶溝通交流時，一定特別注意和改善自己的情緒反應。強烈的情緒有時可以幫助訊息傳達，有時反而會造成阻礙。高情商領導者必定會意識到這一點，適當地表達或控制自己的情緒。

但不管會怎樣，成功交流始終是我們的目標，萬一失敗也是學習教訓的好機會。

低情商領導者只擔心自己在員工面前表現不夠完美，所以「恐懼」就排在其他感受和關注之前。他們以為身為領導者就要懂得最多、什麼事情都要做到最好，本身要完美才夠資格以身作則。這樣想對吧？錯！

其實沒有人是完美的，這種力求完美的領導者碰上失誤或面對失敗，只好去指責一些控制範圍之外的原因。久而久之也許員工就會看穿那一套，對領導者的忠誠與信賴反而逐漸流失。

妥善處理壓力

提高自己應對壓力的能力，也是了解情緒的最大好處，這也是高情商領導者的重要特質。高情商領導者都能發展出堅定有力而且高度自覺的情緒應對機制。

要控制壓力就要時時注意自己的情緒狀態，就像常常量體溫或體重來監測自己的健康狀況。當你的情緒升溫、壓力增大，發現自己變得越來越焦慮，要先退後一步，承認自己的焦慮，然後問自己可以做點什麼來平撫心情。像這樣簡單的方法就可以大幅減輕壓力。

接受回饋意見

高情商領導者跟一般領導者比起來，比較不會過度防禦，他們歡迎大家提供回饋意見，不然我們怎麼修正方向、學習教訓呢？但是各種企業文化大都把回饋看做是可怕而尷尬的過程，所以大家也都不敢對上級、對公司提意見。我們在下一章會更深入探討這個問題，但現在先說說我碰過的一些解決辦法。

1. 不要害怕回饋：

我在蘋果公司學到的最棒經驗之一，就是他們說的「不要害怕回饋」。經理和同事每天都會鼓勵大家，彼此相互提意見，不管是正面、負面意見都沒關係。真正讓整個過程變得跟平常不一樣的是，我們每個人都是從理解的角度出發，詢問彼此：「我想更深入理解你為何做出這個決定，你願意讓我問幾個問題嗎？」

各位要是曾在蘋果商店買過東西，這個問題大概聽起來也蠻熟悉的吧？也許用字遣詞會有少許差異。因為員工面對客戶時，想要理解對方的想法，也是這麼詢問的。這種方法最有趣的大概是，經過精心挑選的措詞之後，真的可以在傳遞回饋意見時完全消除情緒——不要害怕。

2. 通氣洩壓的價值：

任何業務環境，不管是電話會議或是一對一談話，都可能讓情緒變得太過激動。

這時候作為領導者的你，要趕快建議大家稍微冷靜一下，讓他們知道先緩和情緒沒有關係。這表示你覺得現在的情緒反應，對事情不會帶來好結果，所以必須消除不利影響才能取得進展。

員工看到你冷靜地要求大家暫時休息一下，讓大家得以放鬆情緒，他們就知道自己也可以隨時退後一步，不必一直繃得太緊。員工在職業生涯中如果需要暫時停喘，讓自己冷靜下來，作為領導者的你應該允許他們那麼做，給予停喘休息的時間。

但另一方面，員工要是提出不同意見或擔心什麼狀況的時候，你叫他們要「冷靜」「不必擔心」，可能被視為缺乏回應或太過輕忽。更糟的是，這可能讓他們覺得自己被無視、受到冷落。所以，人有時不是需要冷靜，而是要給他們適當的發洩。厲害的領導人就能找到適當的出口，讓群眾發洩挫折和焦慮。各位要是沒幫員工安排一些可以通氣洩壓的會議，我強烈建議趕快開始。有時候大家聚在一起，講講八卦說點壞話，就能發洩掉多壓力。

不容易表現出挫折沮喪

高情商領導者很少對員工表現出自己的挫折沮喪。儘管強烈的感情總是無法避免，我們也要認清公眾面前和自己私底下是不一樣的。有時候雖然感覺是這樣，但公開表現出來還是另外一種樣子，這也是重要的修練。

像挫折沮喪這種感覺，有時確有些許影響，但也可能讓人覺得相當痛苦，要分辨其中的細緻差異，還是要先搞清楚它的背景脈絡。你的員工半夜加班為了趕上隔天的最後期限，你這時候如果驟下結論說他們「拖到最後一分鐘」，大家當然都會覺得挫折沮喪。這時候的挫折感不但無法激出拚死一戰的效果，更會因為你不了解前因後果就妄下結論，反而很傷人。大家這樣拚到最後一分鐘，也許是想做最後修飾，也許是有些部分讓人不滿意，整個打掉重練，才會拖那麼久。更糟糕的是，對他人感到挫敗沮喪，有時可能只是因為不想面對自己的某些缺陷或短處。

要是沒做好特定目標或期限的溝通傳達，或是流程一開始就碰上某些問題障礙，一旦事情進行得不如預期那麼順利，你就要準備好接受責難。這時候要是表現出挫折感，很可能就會被視為想要掩飾你沒做好有效溝通。長期下來，不但會喪失溝通效率，也會流失員工的尊重。

優秀的大混蛋

既然情商高低對領導能力的影響這麼大，為什麼我們的文化還是很欣賞讚歎那種既天才又混蛋的大人物呢？這一章一開始，我就說這種優秀混蛋的時代馬上就要結束。雖然我是信心滿滿，認為這個斷言絕對沒錯，但畢竟還沒有發生。也許這是因為這種人儘管聲名可議，很多人還是樂於效法模仿，巴不得自己也是。

蘋果的賈伯斯就是這麼一個傑出的混蛋人物，引領風騷數十年，吸引無數模仿者，你公司的某個經理或高級主管搞不好就是其中之一。你可能知道有哪個心狠手辣的經理，會推卸責任、會挑戰所有人，可是業績做得一級棒，誰也比不上。沒人喜歡跟這種人一起工作，但是他們雖然做人很失敗，在公司卻是節節高昇一帆風順（他們的失敗好像反而對事業很有幫助）。

如果有人用這種模式成功了，其他人為了成功也會這樣玩，於是惡性循環就開始了。各位作為領導者要記住，這種短期成功會帶來長期災難。一個優秀混蛋，會形成一整套有毒的文化。

我們就來談談賈伯斯。因為他是既出色又成功的混蛋，實在是完美典範。我們都知道麥金塔電腦、**iPod**、**iPad** 和 **iPhone** 手機都是賈伯斯締造出來的，整個「蘋果教」可說都是他一手開創，到現在還是吸引無數的果粉追隨者。

但是賈伯斯在年輕的時候，脾氣壞得驚人，甚至只是視線被人擋住了，也會生氣發作。跟我以前的經理一樣，他提的回饋意見，你總搞不清楚到底是要說什麼，而且總是負面的批評。後來他把公司搞得好像有毒一樣，大家都很不愉快，他本人甚至也被蘋果公司掃地出門。

賈伯斯傳記的作者華特．艾薩克森（Walter Isaacson）說他曾問賈伯斯最好的朋友強尼．艾夫（Jony Ive），賈伯斯這個人怎麼會這麼沒禮貌。艾夫說他也問過賈伯斯：「這點小事，你也要生那麼大的氣是在幹嘛？」賈伯斯卻回答他並沒有一直在生氣。艾夫認為賈伯斯真的會因為一點小事就動怒，但也會很快平息下來。對賈伯斯來說，氣過就沒事了。[5]

不過有時候，艾夫說賈伯斯也會發洩在別人身上，才能擺脫自己的憤怒或厭惡，這就像霸凌別人來發洩負面情緒。

一九九〇年代後期，賈伯斯又回到蘋果公司，這時候的他已經知道要怎麼跟別人溝通交流自己的情緒，以及如何傳達自己的願景讓大家知道。各位不要忘了，蘋果公司的成功就是從那幾年開始，iMac、iPod、iPhone 和 iPad 等產品不斷推陳出新，在電子計算和零售產業方面開拓出一條以人為本位的新道路。

優步公司（Uber）的聯合創辦人崔維斯．卡拉尼克，也是特別出名的混蛋。他在記者訪談時甚至一再說到自己不了解別人在想什麼，次數多到數不清。卡拉尼克積極進取，企圖心十足，為了勝利不擇手段，把全世界的運輸產業攪得天翻地覆，但是他對人性的不理解最後造成他的失敗。後來他被公司掃地出門時，有十幾位高級主管跟他一起遭到開除，因為這些人共同創造出有毒的工作環境。

優步公司的董事會總算知道，他們如果要繼續為大家提供服務，一定需要一個了解人性的執行長。坐在駕駛座的那個領導者，必須具備高度情緒智商才行。所以，他們後來聘請達拉·霍斯洛沙希（Dara Khosrowshahi）擔任執行長，他是個天生的傾聽者。

臉書的祖克伯大概也是大家都知道的優秀混蛋，他的驚世之舉就是為了拿下臉書過半股權，把自己最要好的朋友趕走。這個全世界都在使用的社群網站，簡直是讓祖克伯對人的冷酷無情「傳諸久遠，進入永恆」。而且從基本上來說，臉書其實就是靠個人資訊和人際連結來賺錢的廣告平台。

那麼大家從臉書得到什麼呢？臉書的社會公益部副總裁曾說，整個社會都靠臉書獲得不少好處，例如非營利組織如果在臉書平台上籌措資金，公司並不會向它們收取交易費用。但有些人批評說這樣不夠，臉書邊把用戶資訊

5 Tom McNichol, "Be A Jerk: The Worst Business Lesson from the Steve Jobs Biography," *The Atlantic*, November 28, 2011.

賣給廣告商，邊說自己在「做好事」，當然飽受質疑。被問到那些問題時，那位副總裁也說不出讓人滿意的答案。

但就在我撰寫這本書的同時，祖克伯的領導方式至少已經有一些改變。有人說這都是拜他樂善好施、深富同情心的太太普莉希拉・陳（Priscilla Chan）所賜。你如果注意觀察祖克伯在認識他太太之前與之後的談話方式，就會注意到某種改變。他們夫妻倆也一起成立「陳－祖克伯基金會」（Chan Zuckerberg Initiative），以提升人的潛力及促進機會平等為目標。

圖片分享平台「Snapchat」的伊萬・史匹格跟祖克伯一樣，也為了股權把老戰友拒之門外，而這家公司在冷酷無情領導者的帶領下，股票行情從來沒有超過最早的上市價格。像那種不喜歡人的混蛋，大概也做不出大家都會喜愛的優質產品或服務吧。

重點在哪兒呢？上梁不正，下梁一定歪，那種混蛋找來的人也是混蛋。事實上，整家公司的聲譽，往往就是取決於公司領導者，而名聲好壞跟公司會不會成功大有關係。所以值得高興的是，我們正逐漸擺脫過去那種優秀混蛋、厲害混蛋的魔咒。

虛假錯位的情緒

高情商領導者的情緒，也會是發自內心的真誠感受。如果只是假裝或勉強做作，我稱之為「錯位」（misplaced）情緒。

我們跟員工，有時候也必須進行一些不太愉快的對話，但這種對話又常常刻意採取某種正面的方式來進行。比方說，你跟員工討論他最近怠惰拖延的毛病，如果面帶微笑，那就是用錯溝通方式，那個員工可能不知道你在罵他。你要是對某人宣布加薪，卻又表情哀傷、眼睛老是盯著地上，那麼對方必定提心吊膽等著你要說出什麼壞消息，因為你的表情讓他們覺得一定是有狀況要發生。

各位在傳達訊息時，會有許多種情緒架構可供選擇。例如我們要說這件事：「我們在一個月內流失四個客戶，但我認為我們可以做得更好。」如果是用恐懼的語調說出來，這句話的意思會有什麼改變呢？那麼改換成憤怒、悲傷、厭惡或歡樂呢？

厭惡感可能是最爛的選擇，就情緒經濟學所知，你的情緒狀態是帶有感

染力的。身為組織領導者一定要記住，你的員工部屬可能也會因為你的負面情緒而採取負面態度，要是員工發現領導者對他們感到厭惡，也很可能因此傷心失望。

悲傷感讓人軟弱無力，低迷喪志，接近半癱瘓的狀態。這對組織來說實在很要命。身為領導者要特別注意，不要把悲傷感帶給大家，這不只是讓人不快樂而已，也毫無效用。

安撫不滿

對於工作場所中的負面情緒，我們大都採取無視的態度，或者更糟糕的是，有些人會因此責備他人，讓這些負面情緒轉移給更多人；但不論如何被無視或忽略，這樣的情緒一直都存在。在任何工作場合中，總有些事情會讓人生氣發火的，比方說發現同事薪水比自己還多、自己最看重的計畫案被冷落。情商不夠高的領導者或者是那些冷酷無情的天才，可能會忽略這種挫折感，並視之為「不成熟」或「不重要」。然而採取這樣的態度，對於員工的不滿無濟於事，長期下來只會導致士氣逐漸低落。

高情商領導者會儘快直接面對負面情緒，確認情緒狀態並早點採取適當行動，才能減緩敵意和憎恨感蔓延，幫助大家擺脫心結繼續向前。只要有一名員工心懷不滿，就可能變成辦公室嚴重摩擦的根源，要是不傾聽他們的不滿、不解決他們的憂慮，很可能就會引發更大的負面風暴，讓不滿繼續蔓延惡化。所以碰上憤怒員工或客戶，這個問題很有可能變得更嚴重，一定要小心應對。但要是能誠實面對，全心全意地傾聽，就能在變成嚴重狀況之前化解怒火。不管你提出的解決辦法是否完善，對方都會知道自己的聲音被聽見了。就像我們在第一章說過的，憤怒必須表達出來才不會悶燒升級。

化干戈為玉帛

要把負面狀況轉化為正面，需要更仔細的情緒規畫。我們這裡只討論裁員的狀況，因為公司裁員其實經常發生（真是不幸啊），而且有時候無法以最好的方式來處理。讓人驚訝的是，有些領導者並未意識到公司裁員後會產生的不利影響，不只是經營上看來有點糟，也讓公司所有人感到害怕和危險。

要是裁員的需求逐漸迫切，領導者要怎麼辦呢？首先要注意的是，在解決困難的時候不應該第一步就考慮到裁員。第一步就想到裁員，絕對不會是最好的解決辦法。

比方說，從二〇一二年到二〇一八年的任何五年期間，美國電腦大廠ＩＢＭ的裁員人數都超過三萬名員工，而且超過一半都是一九八〇年代就來公司的老員工。[6]再說得明白一點：ＩＢＭ過去五年來裁掉兩萬多名超過四十歲的員工，這個人數是ＩＢＭ公司流失職位總數的六成左右。這就是說，過去五年來至少裁掉三萬三千三百三十三人。一直這樣裁員，組織內部必然瀰漫著一股有毒的氣息，大家都沒有安全感，員工不斷懷疑自己的工作是不是也有危險。所以，ＩＢＭ員工常常在外頭找新工作，也就不會讓人太意外了，我就面試過好幾個。

不要把裁員當作是萬靈丹。公司如果一時碰上困難，也可以利用無薪假來進行經營上的調整，同時減緩員工的緊張和恐懼。

美國家電大廠漢尼威（Honeywell）在最近的經濟衰退期，就利用這個方法讓員工休了四星期的無薪假。公司讓員工選擇一次休完，或在一年內自行安排時間，讓員工自己調配時段以減緩收入上的衝擊。這種作法不是由少數人承受失業厄運，而是大家一起承擔，每個人損失一點點，整體上的情緒負擔就不會太嚴重。

事實上這個無薪假，有人承受得了，有些人還是不行，所以這裡頭更創造出一個小小的無薪假交易市場。經歷無薪假洗禮之後，整個公司在情緒上更加樂觀，特別是因為大家的工作都保住了。

完美的世界中，領導者應該不偏不倚，不受任何負面情緒所影響。但現實世界當然不會如此盡善盡美。比較可行的作法是，在企業內部灌輸一種社群意識，一旦艱困時期來臨，大家樂意同舟共濟，彼此依靠，相互扶持。

---

6 Peter Gosselin and Ariana Tobin, "Cutting 'Old Heads' at IBM," *ProPublica*, March 22, 2018, https://features.propublica.org/ibm/ibm-age-discrimination-american-workers/.

管理部屬情緒的方法

高情商領導者擅長運用情緒方式來激勵員工和部屬。這就是各位在第二章中學到的，要充分了解情緒交流的基礎，並且善加利用。

各位身為領導者，每天也必定會有喜怒哀樂、恐懼、厭惡或各種混合情緒，並進而影響到自己的團隊或整個組織。這樣的力量可以建立士氣，也可以摧毀大家的信心，而且伴隨強大力量的，就是沉重的責任。

把情緒感覺直接轉移給團隊，不是個好選擇。你擔任領導者，就應該為自己團隊提供適當的情緒環境，否則大家都把自己的負面情緒表現出來，團隊很快就四分五裂。你是團隊領導，就該是團隊的指標明燈，要見微知著，在不滿才剛發芽之時就想辦法消除，為大家的前進預留空間。

領導者不論何時都要注意團隊情緒的脈動，隨時警惕各個階層都可能爆發的敵意和怨恨。萬一發現有此狀況，就要馬上找主要相關人員商談，注意傾聽他們的聲音，了解他們的感受。如此一來，你不但可以了解事況發展，你的關注和傾聽也會透過對談人員傳遞給同事知道，並根據勞資對話的真實內容，澄清基層人員的各種謠傳和揣測。

吸收情緒和疏導厭惡

我最後上班的那幾家公司裡頭，曾碰上一個跟大家關係都搞不好的員工。我們就先叫她柯妮吧。這位柯妮的架子端得很大，像個老闆似的，但她也不是主管。她的確是努力又勤奮，但缺乏她該有和應有的資源，所以儘管大家也都很努力，但她覺得自己比別人更勤奮，卻沒獲得肯定。不過這畢竟是一家新創企業，沒人可以閒著。

柯妮常常擅自做決定，然後把工作負擔委派給其他人，讓周遭的同事壓力很大，因為她在這方面的確做得不太好。她擬定的工作方向並不一致，跟她一起工作的小團隊常常覺得困惑和挫折，彼此難以聚焦好讓大家成功扮演自己的角色，更不用提她要求大家做的額外工作。所以整個團隊簡直像是癌症蔓延似的，個個沮喪又充滿恨意。

當時前後有兩位經理來處理這個問題，先是麥克，後是艾瑞克。這兩位經理用不同方式處理柯妮問題，我從中也學到不少。

麥克無視柯妮的問題。他自己都怕被柯妮纏上，所以他四兩撥千斤地把柯妮的抱怨置之一旁，雖然同意她欠缺需要的資源，卻也從來沒真正解決團隊或柯妮的需要和情緒狀態。這種處置方式，你可以感受到基層有一股不愉快的病態感持續蔓延惡化。

三個月後麥克離開公司，艾瑞克接手，也碰上同樣難題。但艾瑞克絕不姑息拖延，他馬上跟每位員工坐下來談，傾聽他們報告目前的工作專案和相關狀況。這時候艾瑞克就聽到很多人抱怨柯妮帶來的挫折感。當員工一個接一個來投訴，艾瑞克也理解自己要是工作滿檔，同事還要叫他做這做那指使個沒完，他也會覺得挫折沮喪。所以他對每個員工說：「我知道你很沮喪，但我們要是講誰的壞話，引發別人的共鳴，那麼憎恨和敵意就會由此產生。」他對情緒經濟學真是非常了解！

沒過多久，艾瑞克就找到一種不會挑動情緒波動的方法來指導柯妮。當她需要某些幫忙援助時，他叫她把需求填進一份電子表格，到時他會全盤審核，找到資源最佳配置方式讓大家完成工作。這個辦法雖然看來像是打官腔，結果證明十分有效。柯妮覺得高興、團隊也高興，整個業務運作比過去更有效率。

最重要的是，艾瑞克傾聽每個員工的憂慮和關切，讓大家可以表達自己的感受。而且他真的把大家說的話都聽進去，並且精心擬定計畫和方法來疏導、解決那些情緒問題，不讓它們在整個組織中肆意蔓延。

利用恐懼

有些領導者會直接運用恐懼作為激勵他人的動機。為什麼呢？**因為恐懼是五大核心情緒中最強力的觸發動機**。我們的「戰或逃」生存本能通常都能最快發揮作用，比其他任何情緒更快做出反應，促使我們趕快採取行動。

但是，長期運用恐懼也會碰到極限。

蘋果的賈伯斯過去就經常運用恐懼，惹得員工甚至以「現實扭曲力場」（reality distortion field）來形容他的領導風格。他會設下荒謬的目標和期限，大家都很害怕無法達成目標。誰敢說他不愛聽的話，他對開除員工可從不心慈手軟，所以大家只能花很多時間來努力達到他的要求。

但是長期下來，他這套領導方式讓整個蘋果公司精疲力竭。賈伯斯的員工雖然都很厲害、很優秀，但大家一直處於恐懼之中，害怕沒有及時完成任務、害怕被開除。一旦開始掉隊，無法跟上領導者的腳步，團隊成員只好一一離開。而且他們絕不會推薦大家來蘋果工作、說這是個好地方。不用多久，大家就知道賈伯斯不值得追隨，所以後來他自己也被公司掃地出門。

善用恐懼感，有時候確實有用；員工如果一直未能達到要求，他們是該害怕失去工作。但是，如果只能感受到恐懼，別無他感，那麼大家最後也會因此窒息。這時候要是你可以適時提供支持，團隊也會一樣努力，但不會只有感到恐懼那麼難受。

換位思考的同理心

身為公司領導者，有時候會忘記員工在公司之外也都有自己的生活。事實上過去的管理書籍常常鼓勵領導者把員工看做是一顆顆棋子，或是隨時可以增補替換的螺絲釘和齒輪。在商言商，這樣的角度也是可以理解。要是不必考慮員工也有家庭要養、要付很多帳單、必須四處奔波，那麼公司的各種決策可就容易多了。

但問題是，人不是棋子，也不會只是大機器裡頭的一顆小小齒輪，任何高情商領導者都能意識到這一點。每一位員工都是人，在公司之外都有個人的生活，都需要靠他們的工作和收入來維持安穩。高情商領導者也會知道，同一家公司的員工也會有不一樣的需求、追求不一樣的目標。他們偶爾都會犯錯，有時候也需要更大的挑戰才能激發鬥志、提升參與感。各位要是能把這些事實擺在最優先的位置來考慮，員工一定能感受到我們的同理心，也才會熱情回報，努力拿出成果。有許多公司之所以失去優秀、勤奮的員工，是因為他們覺得公司對待他們像是只有投入與產出關係的機器，並不是擁有真實情緒的人。

情緒如何影響決策

我們要是不先了解五大核心情緒會怎麼影響決策能力，就很容易做出錯誤的選擇。不過我要簡單說明所謂的決策是怎麼一回事。

預期結果和立即結果

不管決策時有何感受，我們做出的決定都是根據預期和立即的情緒結果，但這兩個結果又是很不一樣的感受。

各位付錢買下塑身課程或加入健身房會員時，心裡大概都會想到一些預期結果，就是以為鍛練一段時間以後一定感覺更好更讚，可是這些預期結果不會短期見效。這個投資可能現在就要先做，但收益只能期待日後才能實現。

另外一種是，你認為某樣東西買了之後馬上就會覺得滿足，這種憑著一時衝動做的決策，就是想要馬上見效。

我就是這種追求立即結果的衝動派，看到新東西就想買，但其實家裡早就擺不下，不過我太太也沒有太阻止我的購買狂。說不定我買的東西確實具備長期預期結果，所以她也能夠認同我的判斷。不過我這是在騙誰呢？我就是等不及想買而已。

情緒取向的決策

在經歷特定情緒的同時做出決定，有其優點也有缺點。現在讓我們研究一下各個核心情緒會對決策過程產生什麼影響。

首先是憤怒。容易生氣的人，很可能無法謹守最佳決策，常常承擔過多風險。憤怒的反應通常就是想在急迫時展現控制和力量，所以往往表現過激。眼前看到「紅布招搖」，就怒不可遏，慌不擇路，找不到正確方向。

再來是恐懼，害怕的人在決策時通常不敢冒險。所以他們行動遲緩，而且常常顧慮太多，不敢亂動；在做出最後決定之前，往往呈現各種方式的停滯。而且他們可能因為不敢反對而接受某些壞主意，結果讓大家以為是個壞人。

然後是歡樂。難道歡樂還會出錯嗎？問題在於，快樂的人有時候就只想繼續快樂，所以可能拒絕改變，因為不想踏出舒適區。快樂的人往往也希望別人快樂，大家都快樂，他們才會覺得快樂。這會讓他們很容易做出錯誤選擇，只想取悅他人，而不是考慮對他們或企業的最佳選擇。

厭惡和悲傷也都各有影響。當我們感覺厭惡或悲傷的時候，通常會希望這種感覺停止。我們如果討厭某事或某人，當然是盡其所能想要阻擋這些事（或這些人），所以這種反應會像是反射動作。不過一旦平心靜氣，心情轉換之後，也許就會發現決策太過短視，考慮不夠深遠周延。

考慮情緒結果

傑出決策的關鍵，在於情緒一出現就即時辨識，必要的話能夠暫置一旁。高情商領導者清楚知道自己的心情，而且不會被它所主導控制；那些情緒必須暫時在旁等候，不能出現在聚光燈下當主角。高情商領導者會特別注意個人或團體的情緒狀態對於決策最後會造成什麼影響。

但企業要是不思考產品和服務的情緒影響，就要承受某些客戶可能很不高興的風險。酷朋團購網（Groupon）就是個好例子。酷朋原本的構想很棒，它提供直覺吸引力，讓小企業突破原本有限格局，利用一點折扣就能吸引到更多生意。但是消費者雖然喜愛，企業對這方式就沒那麼愛。因為消費者喜愛酷朋提供的折扣，他們就更沒有理由去沒有折扣的店家做消費。比方說，有些愛看戲的觀眾最後只去酷朋提供團購折扣的戲院看戲。這些消費者對酷朋的忠誠度，遠高於對企業本身，這圖的只是能把價格壓低，要是沒有折扣也別想吸引客戶再度光臨。到最後酷朋就被小企業討厭了。這跟它原本的意圖剛好相反。

酷朋最美的好日子，就是二〇一一年股票上市開盤第一天吧！它的股價以二十八美元上市，盤中最高衝到三十一美元，最後以二十六美元收盤。但是之後股價跌跌不休，不到一年就跌破三美元，後來在五美元附近徘徊。酷朋的經驗清楚顯示，決策要是沒考慮到情緒影響，必然導致不良後果。各位要是知道這些情緒的影響力，就能提升成功的機會。

尋求情緒同步

企業領導者或遲或早都會碰上一些危機，但不管碰上的危機是大是小，最重要的是要把握住那些關係人或大眾的感受。運用邏輯和規畫只能說服大家：你的確有一套好計畫可以向前邁進。但大多數人除非知道你能了解他們的心情，不然不會聽你的，也不覺得自己的聲音被聽見。

美國聯合航空（United Airlines）曾因為自己超賣座位，卻強迫登機乘客下機，馬上引發公眾強烈抗議和廣泛關注。那一年稍後，聯航空服員把小狗關在頭頂行李架，結果小狗窒息死亡，又再次引發大眾強烈炮轟。後來在二〇一八年初，有研究報告指出二〇一七年航空運輸的寵物死亡事件，有三分之二都發生在聯航。[7]在社群媒體的推波助瀾下，這幾次事件的公眾反應一次比一次嚴重，大眾的感覺也從憤怒升級為厭惡。像這樣的連續危機，絕對不能忽視，一定要提早擬定完備的善後計畫，面對公司可能犯下的錯誤。我當然希望各位永遠不會碰上類似狀況，不過萬一要是發生了，你要怎麼辦呢？

各位若是高情商領導者，一定知道這個問題要直接面對才屬明智。公眾情緒千萬不能放任不理，讓他們在網路上暴走。所以要迅速確認事件，深入把握關係群眾的情緒狀態，讓大眾知道你正迅速採取行動，進一步調查問題的根源並防止再次發生。各位要是能跟受影響的人一起制定全面計畫，重新爭取到大眾的信任，那更是加分。專家提示：規畫完成，擬定善後方案以後，一定要向大眾公布。

萬一你的計畫還是讓大家失望，使得群眾情緒更加惡化，那麼你只剩三條出路：把責任歸咎於受害者、說大家只是反應過度或者完全忽略問題。也許是這三個的任何組合。不過這些方法我都不推薦。

總而言之，你要是不能掌握到他人的所思所感，不知道他們的情緒會導致什麼行動，必然也無法進行有效領導。

7 U.S. Department of Transportation, "Air Travel Consumer Report," February 2018, https://www.transportation.gov/sites/dot.gov/files/docs/resources/individuals/aviation-consumerprotection/304371/2018februaryatcr_0.pdf.

第6章

企業文化才是根本

與人相處時，千萬不要忘了，你要應付的是情緒動物，不是邏輯動物。

——戴爾．卡內基

員工要是覺得自己是公司的一份子，是自己珍視的企業文化的一部分，他們不僅工作更快樂也更賣力，並且對公司更加忠誠。所以各位準備為公司設計出什麼樣的文化？

各位如果考慮到文化對於企業、運動團隊、餐廳飯店、慈善機構、大學或教堂等組織是多麼重要，那麼對這種重要問題竟然也沒多問多想，那就太奇怪了。

我們在這一章不但要好好探究這個問題，還要考察成功企業創建勤奮員工、忠誠文化的方法，來回答這個重要問題。我們要從頭考察員工在企業中的發展周期，從招聘階段開始逐步探討。

招聘團隊

不管各位是在大企業的人力資源團隊或新興企業的聯合創辦人，你應該都要先考慮員工招聘過程中，這些新人會怎麼認知和理解公司組織的問題。我們在招募過程中塑造出的公司形象，不但會決定可以吸引到什麼樣的人才，也能幫助他們長期適應公司文化。

首先看看你的辦公室。你創造出什麼樣的工作環境？你的公司是否歡迎新人，希望他們參與？當他們來參加面試的時候，是不是很安心地看到一群獨立自主的員工，在鎮定安靜的辦公室工作，效率超高？或者他們會發現辦公室壓力超大，每個人都急急忙忙趕進度，必須達成嚴格控管的最後期限？這兩種不同的文化沒有對與錯，重要的是你要招募的員工是否能配合融入公司要求。

招募的成功與否，有一部分是看你提供的待遇是否符合應聘者的需求與期望，所以先交換位置，站在他們的立場來思考，會很有幫助。如果各位是來找工作的人，你會期望獲得什麼？希望得到怎樣的綜合待遇？要求企業配股嗎？工作上擁有什麼程度的自主權？各位在招聘過程中所做的一切，包括職位發布的用字遣詞，都應該描繪出他們期望的環境。

比方說，Google公司強調的是公司附設醫療服務、個人時間彈性安排，還有全天候的免費吃食等超優福利。服務女士先生們的「麗思卡爾頓女士先生們」，強調的是員工在促進和支持創造力的文化中相互學習。其實每家公司的招聘用語，都有一套自己的情緒架構。

你要招募最優秀員工，就必須從情緒出發來設定整個招聘過程，以免優秀人才失去信心而掉頭他去。你或許已經確定理想人選，但他要是在這個過程感到挫折，那就免談了。其實這些未來員工在找新工作時，面對的壓力就已經夠大了，你不需要再刻意施加壓力。各位都有權可以決定，讓這個過程更加順暢、愉快，才能讓你認可的最佳人選順利跑完賽程。

應徵程序要輕鬆簡便

應徵者的第一步最重要，所以我們一定要先考慮清楚。我知道有些人之所以不願意去應徵他們合格的工作，是因為一開始那些步驟非常繁瑣。除了要寄發求職信函之外，有些公司還要求接受智力測試，還有什麼描述人生的第一個記憶以及它如何影響一生之類的問題，事實上求職的事都還沒一撇就要先面對這麼多麻煩。要求應徵者提供這些、那些資料，對人力資源部門也許很有幫助，但是有些條件很好的應徵者同時申請幾個不同的工作職位，每一個職位都要求一些特定的文件資料，只會讓應徵者覺得沮喪灰心。

各位要盡力不要讓你的應徵者等太久。他們提出申請後也許稍稍鬆了一口氣，但是這種感覺不會持續太久。因為接下來就是令人難熬的等待期，天天等著人事部門的回覆。有些考慮比較周全的公司意識到這種感覺，至少會自動發送回覆簡訊：「我們已收到你的申請，仔細審閱後就會回覆。」不過還是有很多公司完全不做回應。

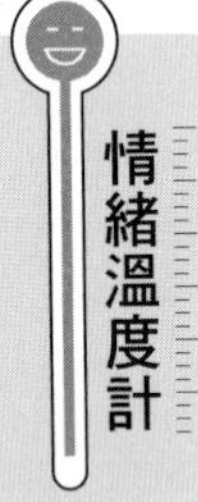

情緒溫度計

招聘期間不要做的事

善待應徵者對你的公司當然會有好處，跟那些讓人不舒服的應徵過程相比，這就是為自家公司文化做宣傳的好機會。許多人都曾在招聘過程中碰上一些很糟糕的經驗，我自己就碰過一些令人非常吃驚的案例。比方說我去國際知名的顧問大公司艾克倫（Accruent）應徵，結果這段讓人難忘的奇異經歷讓我對這家公司的看法完全改觀。

當時艾克倫先用視訊電話面試，他們要是喜歡你，會叫你在家裡做一次能力測驗，但之後去公司又要做一次。兩次測驗完全一樣，但是艾克倫還是叫你做兩次。因為有些人在辦公室考試可能會緊張，表現不出自己的真正實力，他們在自己家做測驗可能更好。可是在家考試一定有人會作弊，所以公司也不完全相信這些結果。這實在是個非常失敗的設計，但總之我就是做了兩次測驗。

我去公司做測驗時，以為自己走錯了地方。我走到一個空空無人的接待櫃台，找不到接待員。我在那裡站了一會兒，把附近能敲的門都敲了，又臨時給人事單位寄電郵。正當我準備放棄時，招聘人員趕過來，把我帶去另一個房間。說是房間，其實更像是個功能完備的小壁櫥，配備小辦公桌和筆電。

「唔，」我心想，「所以剛剛那個也是測試的一部分嗎？看看我怎麼解決突發狀況？」

做完測驗後，我又回到那個接待櫃台。現在那裡還有兩個人等著，有一個忙碌的接待員一直在講電話，頭都沒抬起來過。最後那個招聘員也過來了，然後就在這三個陌生人面前大聲宣布：「欸……我們不會僱用你。」

為了保有一點隱私，我趕快朝她走過去，不過這裡也無法避開其他人。但我還是想知道，我在測驗中犯了什麼錯嗎？

「哎呀，」她的聲音大到所有人都聽得到，「你好像不夠聰明啊，不能在這裡工作。」

我仍然以為這大概是測試的一部分，像是要怎麼找到功能小壁櫥和在接待室接受公開羞辱，但並不是。大家眼光當然都避著我，只有她一臉認真的樣子。

艾克倫那天真的讓我超級不爽！我真不曉得它這樣做會帶來什麼好處。而且他們要是這樣對待應徵者，誰想去那裡工作呢？

考慮周到的回應

公司做出回覆時，訊息必須周到，而且要及時，不要像我幾年前應徵國際快遞優席公司（uShip）那樣拖好久。幾年前我在六月遞交申請函，應徵優席公司一個技術支援經理的職位。遞函之後我很快得到回覆，看起來好像頗有希望：「感謝你對優席公司職位的興趣，如果你的經驗符合我們的需求，我們會再與你聯繫。」但事情就到此為止。幾個星期過去都沒有進一步消息，我認為該公司大概決定不需要我吧，所以就繼續安排找其他工作。

結果到了十一月的某天早上，我突然收到一封電子郵件，通知我：招聘經理「不打算繼續這件事」。

沒錯，過了五個月以後，優席公司才正式回覆一封「抱歉！我們不需要你」的電郵。這一棒真是敲得我猝不及防，十分困惑，讓我忍不住要給他回信。

「雖然我很感謝你正式回函拒絕，但我覺得不需要拖了五個月才回覆，而且這麼做也不適當。我希望這封回信可以幫助招聘團隊妥善處理未來的應徵者。」我寫道。

這次優席公司沒等五個月就回信了。信上寫說：

「我也想要有什麼『團隊』，可惜只有我一個人。其實我也可以跟別家公司的招聘人員一樣，根本不再回信，但我還是相信要有禮貌。敝公司規模在一年內突然加倍，幾次公開應徵活動湧進數千人前來應徵，要處理這些行政作業就變得非常麻煩。我在此就不詳談自己遭遇到哪些狀況，以免你覺得厭煩。也希望貴方在應徵他職之前，能先平心靜氣，懷抱更加積極正面的態度。人生實難，但要是帶著消極負面的心態，那肯定更難。敬祝一切順利！」

這位人事大姊顯然是要為自己辯護，她大概以為我給她的建議是多此一舉，她自己這樣做才是對的。她回信的原意顯然是想表示禮貌，結果回信沒讓被拒絕者感覺更好，反而在幾個月之後又擺出強硬姿態加重傷害。當我收到她的第二次回信，就確定自己絕對不會想要在優席公司工作。這個公司要是不會先為人事部門輸氣送養分，以後也絕對不會為其他部門的人輸氣送氣。這樣的文化，我當然是無法接受的。

我碰過最貼心的招聘過程，是一家新成立的小公司。我應徵職位後，就收到一封電郵說：「我們只是個很小的團隊，但不管怎樣，保證會在七個工作日之內與你聯繫。」這就是事先想好的貼心周到，就算接下來的回信是拒絕，我還是會感到滿意，因為公司已經想到我會感到焦慮，對此我十分讚賞。

給他們第二次機會

應徵者在招聘過程中通過第一步，接到通知受邀參加面試，大家當然都十分興奮，可能也很緊張。這種種感情的混合運作，很可能讓最有資格的應徵者也會表現失常。

那些聰明又自信的應徵者，也常常會在面試的時候說出愚蠢的話。千萬不要因為這樣就錯失人才。聰明的面試官都知道應徵者有時候會犯錯，在某些狀況下也應該給予諒解，讓他們有第二次機會。

要是面談氣氛友好，就比較不會出現嚴重失誤。在面試之前、中期及之後，面試者都有責任讓應徵者保持舒適和放鬆。如此待客之道，你才能看清應徵者的真實情況。

要把應徵者當作是未來員工

歷經艾克倫和優席公司的糟糕經驗之後，我仍然急著找工作，所以雖然不是優步公司及其領導者的忠實粉絲，我還是寄信應徵該公司職位。

在第三次也是最後一次面試中，招聘經理巴利說話直率、咄咄逼人，甚至還有點臭屁，其實都滿能證實我對優步企業文化的懷疑。面試後，我覺得感受不佳，但還是謝謝巴利的指導，然後我就離開了，並不指望會接到後續通知。

面試當時我心中其實也是千頭萬緒。我媽媽跟癌症已經纏鬥一段時間，但是病情卻是節節敗退。後來她決定不再繼續接受化療。

結果面試當天，我就接到巴利打電話來，說我被錄取了。當下我也直言無諱地向他說明我媽媽的狀況。我說我不確定能否如他所願，儘快去優步上班。

那時候的巴利毫不猶豫地回答：「聽到你媽媽的狀況，我覺得非常難過。但我想讓你知道，無論你需要多少時間，我們這份工作都會等著你。而且等你準備好之後，整個團隊都會很高興和你一起工作。」

兩個星期後，我媽媽就過世了。接著是守喪和葬禮，又過了幾個星期才恢復正常，但我發現巴利可沒說客套話，真的有一支團隊在優步等我，也很歡迎我加入。大家都知道我才經歷過什麼事，給我莫大的支持。能有這麼多關心我的人圍繞身邊，覺得真是被大家捧在手心。

我雖然最後離開優步了，但巴利跟我還是好朋友。在我和媽媽最後共處的那段時間，因為他的關懷和支持，我對優步的看法也徹底改觀。

最重要的是，企業對待這些未來員工，要跟對待現任員工一樣，要有充分考慮和關懷，特別是在這種社群媒體的時代，公司的一舉一動很快就會被四處分享和宣揚。那些四處分享的言語，就是公司在網路上的聲譽。我每次聽到有人說到艾克倫公司，就忍不住想要分享自己的經驗，優席公司的例子也是。

現在說到優步，我也有自己的故事要分享！

新人報到日甚是關鍵

在成功引導應徵者通過招聘流程並做出決定之後，各位覺得最困難的部分大概已經過了吧。其實對新人來說，這才剛剛開始。各位要謹記，新人報到第一天，就等於為他的職業生涯定下基調，只是大家都不曉得這個重要性。

報到第一天很重要

新人報到第一天，想必感觸萬端，尤其是既期待又怕受傷害。期待的是不知道會碰上什麼新機會和新挑戰；害怕的是有許多未知狀況：懷疑自己能不能順利適應？不知道公司對我有什麼期待？對自己還不能進入狀況，能夠寬限容忍多久？平常要跟哪些人一起工作呢？還有，廁所到底在哪裡？除非你先創造出一個讓大家敢問「蠢」問題的環境，不然那些新人心裡七上八上揣著二十個疑問，大概只敢開口問一個。

新人常常只是被指定坐哪個座位和桌子，引見給一位超級忙碌的同事或上司，然後就被晾在一旁，幾個小時下來只設定好電郵帳號和翻來覆去讀些員工手冊。通常不會有人正式向他們說明公司成立宗旨或企業文化，頂多只是電腦系統和工作流程之類的實務指示。不管會有什麼訓練課程，也要在幾天以後才開始，要是遲遲不來，新人就整天待在那兒如坐針氈。

公司如果不能很快形成熱情接納的氛圍，新進員工就很難快速融入，或者趕快找到自己做好工作的情緒宗旨。各位要是能為新人指明清晰途徑，幫助他們快速融入公司文化，就能讓他們儘快在自己的工作上有所表現。

蘋果商店在提升員工熱情和忠誠度方面，為什麼會這麼成功呢？因為從新人進公司開始，就想到要提振員工熱情和忠誠度。當新人進入店裡那一刻，整個團隊都熱情鼓掌表示歡迎。這些零售業的新人就是從蘋果商店這種意想不到的熱烈歡迎，開始自己的職業生涯，然後就有專人帶領參觀和介紹整家店的空間配置。

蘋果公司一定會讓新人開始說話，鼓勵他們跟大家互動。蘋果商店的新人不會第一天上工沒人陪伴，只能自己到處摸索，也不會有人不知道廁所在哪裡。

培訓要聚焦情緒宗旨

現在新員工已經來了，再來要怎麼留住他們呢？他們選擇這份工作，很可能只是做出理性決定，因為他們需要賺錢，或許也可能喜歡這家公司。等到他們進入公司之後，你就該運用潛移默化來超越理性，給予他們的培訓不只在於工作的內容和方法，最重要的是要讓他們知道理由，也就是情緒宗旨。

1. 讓人覺得愉快有趣：

迪士尼公司說員工培訓是「把理性決策開始的工作，轉變成朝向情緒宗旨」。這說得真是再精確不過。我參加過迪士尼公司一些培訓課程，確實是非常神奇！

迪士尼知道，如果要給大家帶來情緒宗旨，一定要刻意去進行激勵和啟發。這有一部分就是要利用某些形式的娛樂，讓大家保持關注；畢竟在進行情緒交流時，交流過程通常比內容更重要。

迪士尼的培訓師當然會假設新員工本來就是熱愛迪士尼的粉絲，所以新人報到第一天就會安排跟那些卡通人物一起拍照。每天的培訓也不斷製造娛樂效果，讓學員感到驚喜和愉悅。這樣的學習氣氛保持積極、正面而且非常愉快，絕無冷場，絕不無聊！

我在蘋果商店的時候，培訓教室裡頭都是彩色黏土、摺紙和各種糖果零嘴。為什麼會有彩色黏土和摺紙呢？因為有些人在進行觸覺活動時，學習效果最好，而且那些東西真的很好玩。我們在蘋果公司的培訓，每天都有不同的驚喜，為一整天的課程帶來快樂元素。

要激發新員工的歡樂感，可以在培訓第一天讓他們早點下班，像這麼簡單的事情就可以提振歡樂。我在一些公司進行培訓合作就用過這一招；第一天課程在吃過午飯後，就跟培訓員工說因為你們得吸收很多訊息，所以我們決定多提供一些自由支配的時間，明天再準時回來上課。你請他們吃頓免費午餐，又讓他們早一點離開，大家當然就高高興興地跟著你一起向前邁進。

「驚奇和愉快」的策略看起來好像很簡單，其實非常有效。

2. 給大家信心：

另一個讓員工對工作產生情緒認同的重要因素，是讓他們對自己的工作感到驕傲或自信。我訓練過很多新人，也看過無數原本「只想賺錢養家」的人，慢慢對自己的工作感到自豪。迪士尼的新員工都知道創造快樂就是他們的責任；蘋果新員工也知道，自己的工作是讓客戶生活更為豐富多彩。

我在蘋果公司接受培訓的時候，我認為公司對員工真的做到「改變」，雙方之間並不是一場「交易」而已。據說能進蘋果工作的錄取率只有二%，比美國長春藤盟校還難考，這真是讓我感覺飄飄欲仙！還有人說我現在正是蘋果精英團隊的一員，一定能對蘋果的業務和客戶帶來最好結果。

這時候我就覺得自己擁有超能力，一開始的理性決定很快就轉變了，也很迅速地融入情緒宗旨。

3. 培訓祕訣：

根據我的經驗，培訓課程最好安排三天左右，如果壓縮成一天的話，恐怕不足以讓大家融入他們正在學習和了解的企業文化之中。

在課程安排方面，第一天要介紹公司營運的宗旨；第二天是各類員工職位的宗旨，以及他們要提供什麼服務給客戶。最後一天要總結所有課程內容，說明這些宗旨如何化為實務運作，讓大家繼續前進。也就是說，一定要先認識宗旨何在，然後才談得上實務演練。

給予學員三天充實的培訓，了解公司營運的宗旨，這個宗旨如何表現在企業文化和他們的工作上，又能帶來什麼樣的客戶體驗，讓大家知道這個宗旨非常重要。公司花這三天的金錢和時間，就是希望新員工對此有所了解和體會，除此之外別無要求。

培訓主要就是要讓新員工融入到現有團隊，幫助他們把握團隊標準和價值，所以團隊成員也要扮演重要角色。蘋果和迪士尼公司都會撥出許多時間，讓新員工和指導人員互相熟悉，由實務經驗豐富的老員工協助灌輸公司珍視的價值，幫助新員工學習企業文化。這方面的培訓課程，最好是每三到五位新員工就要指派一名專屬指導員負責帶領。

接受回饋和給予意見

公司對新員工的培訓中，關於公司是如何進行溝通、萬一溝通失敗該怎麼辦，以及要如何提供和接收回饋意見，也是最重要的訓練之一。公司內部對於溝通如何進行如果沒有清楚定義，那麼溝通不良和因此產生的挫折感，都是可以預期的。

我們要教導員工，如何在提供有效回饋意見時能就事論事，不要淪為人身攻擊。各位千萬不要以為這些事情大家都會。就算是聰明絕頂的人，要是碰上自己不知道該怎麼辦的狀況，也很可能會太過情緒化；像是前面談到的蘋果新經理把我拉到一旁狠削一頓。有同事採用憤怒方式來提供回饋意見，要是沒有迅速加以導正，很可能就會變成一種企業文化上的缺點。

提供回饋意見

我上一章談到蘋果公司鼓勵員工提問，就是促進回饋的辦法之一。現在，我們看看作為領導者要怎麼給員工提意見，並且指導他們怎麼向同事回饋意見。

回饋提意見通常被認為是在找碴。我們只要一開口：「我可以跟你說件事嗎？」就是在暗示對方可能做錯什麼，準備告訴他一個壞消息。其實不需要這樣，我們還是可以用建設性的方式來提供回饋，這對雙方都有好處。以下來看一些回饋提意見的最好作法。

首先，就是要抱持正面態度。

我們都會犯錯，所以某人如果沒做到要求的標準，大概不會是故意的。要是有人跟你提意見，你也要先認為他們是抱著好意。你要先讓自己冷靜下來，虛心接受意見，不要先懷疑對方的意圖。

第二，公開透明，從理解的角度出發。

對於自己的想法要誠實以對，不必故弄玄虛或隱匿不發，否則只會讓你更加焦慮。你應該直接面對那個你想提意見的人，告訴他說你要跟他討論某個特定狀況或事件。要是你覺得討論話題可能讓他感覺尷尬，也可以在會議室或一起出去散步，邊走邊聊，保持隱私。你一開始可以這麼說：「我發現你用那個方式來解決某事，我可以問幾個問題，以了解這套流程嗎？」然後提出你想知道的問題，認真聽取對方答覆。這讓他們有機會可以說明自己的作法，心態上不會陷於過度防禦。這樣做的目標是什麼呢？就是在你回饋提意見之前，要盡可能了解狀況和問題在哪裡，而且說不定你還會因此學到更多。

第三、按照運動播報界名嘴盧・霍爾茲（Lou Holtz）的話來說，就是：**要評論的是整場演出，而不是那位表演者。**[8]

---

8 "Lou Holtz Quotes," 247Sports, https://247sports.com/Coach/3618/Quotes/Never-Attack-the-Performer-Attack-His-Performance-35966579/.

事情要是陷於個人意氣之爭，這場對話就完蛋了。如果只是生氣詬罵，也只會挑起對方的負面反應。所以不能淪為人身攻擊、意氣之爭，而是要想辦法去了解他們的想法和觀點（而且要記住，你必須假設他們也認為自己是在做正確的事），你才有正確心態，才能獲得有效回饋。

等到你對狀況有更深入和全面的理解以後，先不要馬上提出你的意見。**各位請注意，這時候要先表示同情和理解**。這好像有點違反直覺，為什麼他們做錯事，我還要同情呢？大家會不會因此覺得我是在縱容包庇他們的行為？剛好相反！他們在乎的不是你知道多少，而是你對這件事情到底有多關心。各位要是能帶著同情和理解來領導，這時候要問說：「你能帶我看看你碰到什麼問題，一起研究怎麼解決嗎？」這樣就能表現出你想理解對方的態度，並不會讓人誤解你在鼓勵他們再次犯錯。

同情和理解並不等於背書和認可。

告訴他們你可以理解他們怎麼做出這個決定，但也要向他們說明這個決定對你和團隊帶來什麼正面或負面影響。記住，不要對著失敗窮追猛打，而是要把重點擺在解決問題和善後過程。

對話討論結束的時候，要對所有討論內容做出總結。對方也許對解決方法的某個部分有疑問或意見，這時候就可以讓他們提問。這個總結就是在結束討論前，要先確定大家都有共識。不管結果是怎樣，結尾富有成效和帶來啟發才是最好的。

建立提供回饋的策略

建立回饋系統非常重要，因為人類的情緒也許很複雜，但是情緒反應其實比我們以為的更加制式也容易操控。我們對於資訊傳遞方式通常不會太僵化，因為常常需要及時應變；但我們應該學會怎麼包裝訊息，讓對方有滿意的反應，而且不會受到情緒主導而妨礙訊息傳遞。現在讓我們來看一下，剛剛了解的回饋傳遞與情緒交流等技巧，要怎麼運用在實務上。

有些同事沒有完成他們答應或被分派的工作，可能讓大家感到沮喪。當我們指責他們沒達到期限要求，我們可能根本不知道真實狀況，只是憑著一股怒氣在傳遞訊息。這樣處置，情況豈會有緩解？也許他們碰上什麼阻礙，卻沒有機會提前反應，或者是發生什麼緊急事件，他們整個周末都在醫院陪伴親友。

只是憤怒發脾氣，又能得到什麼回應呢？不但我們希望的更正改善不會出現，對方大概也會跟著發火。或者因為辜負大家的期待，他們因此感到悲傷，儘管整個大環境並不是他們控制得了。或者因為我們沒有充分理解整個狀況，所以他們感到厭惡。悲傷常常導致決策失能；厭惡也會導致迴避、不願解決問題。這兩種情緒反應都不會帶來我們想要的結果，因此我們如果只是憤怒發脾氣，只會帶來反效果。

請各位牢記：**情緒不僅影響訊息的傳達，也會決定它們怎麼被接收。**也可以這麼說：**所有資訊都是由情緒構成的。**

接收回饋意見

回饋對話的接收端角色有時會讓人覺得很尷尬，但其實這是比較容易扮演的角色，因為我們之前就說過，你會怎麼接收這些訊息，其實是溝通者必須負起的責任。你的基本責任是簡單地接收那些回饋意見，不要擺出遭到攻擊的防禦姿態。

要是有人回饋提意見時感到挫折，你要告訴他們，說你知道他們是哪個部門，知道哪裡有問題讓大家感到挫折，說你很感謝他們的回饋，希望問題可以變好。像這種情況就是一種反向的指導，你要表現出了解他們的問題，和他們站在一起，讓大家知道還是有路可以向前邁進，不要因為問題讓情緒暴走。

要是已經有人在大喊大叫，要採用這種同情理解的方法就比較困難。但各位請盡量記住，高情商的人能夠接收那些比較具有侵略性的情緒，也知道這些情緒會帶來什麼後果，所以會稍加迴避，改用更具建設性而且能帶領大家向前邁進的態度，來回應這些情緒暴走的人。

最好的回應大概是：「我聽到你的意見了！我也覺得很苦惱。我們要怎麼解決這個問題？」儘管你可能覺得自己受到不公平對待，而且你不同意對方的回饋意見或他們大聲抱怨的策略，你都必須保持鎮定，抬頭挺胸，正面迎接問題，找尋最好的解決辦法。

保持愉快心態

以前Google公司開始提供員工免費午餐時，那些股票分析師都不曉得這對營收會有什麼幫助。那些分析師其實不夠有遠見，Google的高級主管當時已經掌握到社群媒體新時代，而且設定的宗旨非常簡單，就是：「我們提供免費午餐，員工都吃得很高興。我們認為快樂的員工才會更加努力！」結果Google不但吸引到最優秀的人才，而且這些優秀員工也的確更加努力，也樂於宣揚自家公司的好名聲。

後來很多公司馬上跟進提供員工福利餐、福利按摩、福利電話，員工可以自行靈活安排時間，帶薪休假無時限，反正是花招百出應有盡有。所以這些公司為何這樣做？就是想讓員工開心一點、快樂一點！

不過有許多公司還是不太了解，以為一些炫酷花招和擺幾張乒乓球桌就可以讓公司文化變得高尚。他們忘記人類最厲害的就是適應力。雖然一開始是額外獲得的福利，但很快就會變成一種應得的權利，不再有特權感，不再讓員工感到驚奇。等到這個時候，那些補貼福利就失去魔力了。

為團隊提供的福利津貼，要確保隨著時間過去也能保有情緒價值。簡單的作法就是提醒他們的感恩之心，對於領受的福利要表達出感謝。例如只是每天簡單地提醒大家要感謝廚房工作人員，就會讓他們感受到上班還有人免費提供午餐，這是多麼幸福啊！大家要對準備餐食的團隊感恩讚嘆，法喜充滿啊！

另一個很厲害的方法是在工作場合不斷引進驚奇元素。這其實不難，成本也相當低。比方說，你可以選一天來頓「恐龍主題餐」，或是在重要節日前送些跟節日有關的小東西，讓大家驚喜。偶爾也可以找個低調魔術師，在辦公室四處走走散播歡樂散播愛。

不管你選擇什麼方式來刺激員工，請大家記住，福利津貼的效果也有限制，因為這種附加而來的物質享受，都只能帶來短暫的幸福。要提升長期的忠誠和快樂，我們需要內在的動力。人都需要一個宗旨，員工除了賺錢養家之外，也需要一個超越謀生的理由。以Google公司來說，提供免費午餐當然很不錯，但更重要的是讓員工看到自己可以改變世界。

維持情緒宗旨

跟福利特權一樣，宗旨很容易隨著時間流逝而習以為常，視而不見。厲害的領導者會找出各種方法，不斷提醒員工把握宗旨，強調員工對組織成敗的重要性，不論職位高低。

有些工作自然會收到很多跟宗旨相關的回饋，但很多人則是毫無所覺。零售店或實體服務中心的員工，每天都要跟客戶面對面互動，也就能收到很多跟宗旨相關的正面回饋，因為他們自己就能看到他們的工作是如何豐富他人生活。然而像是辦公大樓裡頭的上班族或遠距離支援團隊的工作人員，就很難看到自己發揮的影響力帶來什麼成果。有些人的工作只是透過電話或簡訊來進行，根本看不到顧客滿意的臉。他們的工作或許對大家生活產生巨大影響，但他們從來都不曉得。

為了克服員工與客戶成果的隔閡，領導者要想辦法定期加強團隊的宗旨感。要是收到客戶電子信讚揚某員工，要特別列印出來裝裱加框，送給員工做紀念。或者可以邀請客戶親自對技術團隊說，他們製作的APP如何改善大

情緒溫度計

情緒勞動

各位的員工當然都可能努力地工作著，但「努力」的方式卻是各有不同。有些人會嚴格遵守時限或忍受長時間的工作，但某些其他人的表現常會深受各種情緒影響，不管他們想不想要。且讓我說明這一點。

我們每天都要花費不少功夫，來壓抑、紓解或調節我們的情緒，這個過程就叫做「情緒勞動」（emotional labor）。情緒勞動跟體力勞動一樣，需要花點力氣才能促發出成果。就跟身體不會自動自發推石頭上山一樣，我們的大腦也不會自然而然用笑臉迎接憤怒奧客。但不管是推石頭上山或笑臉迎客，這些努力都是值得的，雖然可能相當費力。

各位想想組織中每天必須處理情緒工作的部門或員工。我們可以做點什麼，來減輕他們的負擔，給他們安撫呢？

家的生活。只要能夠提振員工的宗旨感，任何投資都值得。

維持生產力

宗旨固然重要，但要是生產力不能提升，任何公司也無法成功。我們辛苦找來的員工，經過驚奇與愉悅的培訓和教導，加強能力與信心，再來就要開始工作。那麼我們要怎麼激勵他們提升生產力呢？

嚇死他們！

開個玩笑。但我們之前也說過，的確常常有人運用恐懼作為手段來激勵員工。例如蘋果賈伯斯以前慣用「現實扭曲力場」，設定荒謬的緊迫期限，再配合恐嚇威脅，逼出員工與技術團隊的極限生產力。現在我們再仔細分析這種激勵作法。

當我們面對恐懼，不管是殘酷的最後期限、截止日期或可能丟掉工作的風險，都會進入「深度優先」（depth-first）的思考模式。

深度優先的思考行為像是賽馬戴的眼罩，讓你專注集中精神在某項任務上，減少雜務干擾和分心。這種方式是有其效果，但長期下來可能不太好。比方說，在賈伯斯「現實扭曲力場」的壓迫下，員工會有什麼樣的家庭生活呢？的確，他們都很專注於工作，但很可能也因此錯過生活中許多重要事情。他們大概也不會常常待在家裡，就算人在家，心可能也不在，光是那些緊逼而來的工作期限就夠讓人崩潰了。他們不知道自己要是沒達成公司要求，會出現什麼結果，誰也不敢以身試法親嘗苦果，大家只好拚命追拚命趕，以免遭到懲罰。

這其實只會讓大家燃燒殆盡，精疲力竭。恐懼激發的是求生本能，讓我們專注在威脅生存的事物上。但是長期承受強烈恐懼，不斷刺激腎上腺素的分泌，身心終究承受不了。

到最後，我們就拿不出最好的工作成果。這不只是因為身體和心靈都已經精疲力盡，也因為深度優先的思考模式會降低我們迎接挑戰的靈活應變。明明快截稿卻苦無靈感的創作人，都會知道我在說什麼。

輸入歡樂

當你感覺精疲力盡或碰上障礙時，有時候只需要一點歡樂、多補充一點多巴胺，就會讓你解決問題的能力恢復正常再加速前進。

美國康乃爾大學心理學家、心理學與行銷學教授愛麗絲・伊森（Alice Isen）透過實驗發現，只要一點點的歡樂刺激就能發揮很大效果。伊森的實驗設計很簡單：受測者會拿到一盒大頭釘、一支蠟燭和一片紙火柴，實驗要求受測者把蠟燭固定在牆上（牆上貼有軟木板），但蠟燭燃燒時，蠟油不能滴在桌子或地板上。參與實驗的受測者分成對照組和實驗組，實驗組會觀看一部喜劇片的「NG片段」，對照組則是觀看一些嚴肅短片。

結果觀看好笑影片的那一組，想出更多方法也更有創意。歡樂組的思考不受框框限制，而且想出很多另一組都沒想到的新點子。

伊森認為我們在覺得開心的時候，大腦會釋放出多巴胺，這是一種神經化學物質，可以促進神經細胞之間的交流，激發創意來解決問題。這種的思考模式稱之為「廣度優先」（breadth-first）。[9]我們大概都會認識幾個人是這種思考模式。他們也許很容易受到干擾，常常因旁騖而分心，但最後卻有更多的創意來解決問題。

所以你才會在一些新興企業看到辦公室擺著乒乓球桌、電動玩具和一些免費零嘴。這些遊戲和吃食不只是為了提供娛樂，其實是想要透過廣度優先思考，來激發員工的創意。現在的一些新興企業不但讓大企業知道工作之際也可以玩樂，而且許多優秀的創新產品、服務和流程，都是靠一些外表看似不夠專注的輕鬆活動而產生，其實這樣反而能激發豐富想像力和前瞻思考。

就算只是添加一點歡樂的多巴胺，也能發揮莫大效應提升成功的可能，高情商公司就是這樣把握每一個機會，在企業文化上鼓勵廣度優先的思考。

9 Alice M. Isen, "The Influence of Positive Affect on Decision Making and Cognitive Organization," *Advances in Consumer Research* 11 (1984): 534–37.

保持發展

但是不管你給優秀員工多少福利、多好的津貼，那些最優秀、最聰明的人才終究都會想要突破現狀，進入一個更高的新境界。公司要是無法提供穩定的機會，讓員工更上一層樓，有些人就會覺得受到壓抑而感到挫折。他們通常不了解，企業由於先天的基本結構，能提供給員工的發展機會總是有限。如圖6-1所示，全球各地的企業幾乎都是金字塔結構，底部可以容納眾多員工，但隨著職級越高，人數就越少。

金字塔底部人多，頂層人少，大家既沒辦法以同等速度向上移動，頂層也容納不下那麼多人。

那該怎麼辦呢？

祕訣在於創造向外發展的機會，不能只是向上發展而已。不是每個人都有能力成為一名好經理，但我們都有學習能力，可以學會新技能、承擔更多責任。組織要對每個層級、每個職位的員工，提供向外發展的鍛練與途徑，才是聰明作法。

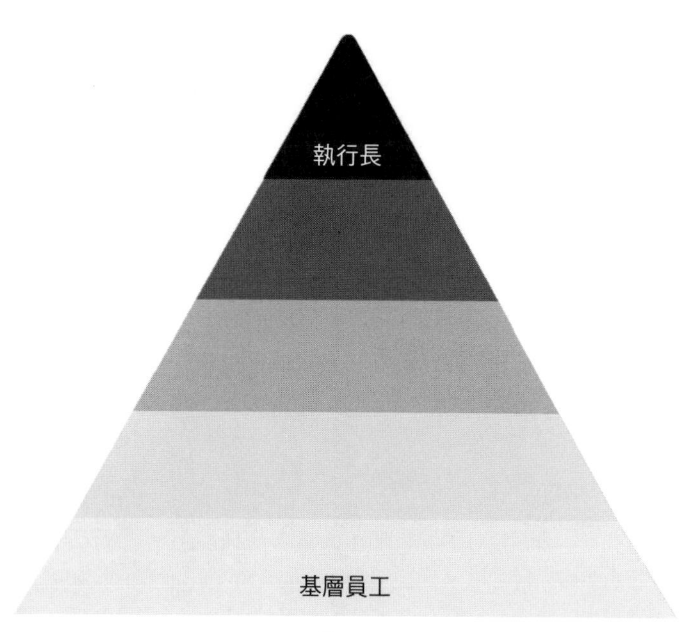

圖 6-1

我們來看看聰明的企業會怎麼做：巴佛（Buffer）。

巴佛是提供社群媒體管理工具的公司，這個程式讓公眾網紅、公司行號和像我們的一般大眾，可以同時管理好幾個社群網站的帳戶。這個平台確實非常好用，但我認為巴佛最好的是它為員工設計的職涯發展系統。

巴佛掌握的簡單的道理是：並不是每個人都想領導別人，但如果員工晉升管道只能成為管理者，那他們也只能被迫去領導別人。巴佛認為公司必須考慮每個員工的需求，設定更好的晉升系統。員工不一定要往上走，也可以往外走。他們可以鍛練能力，擴大自己的影響力領域和所有權領域（scope of ownership）。

影響力領域層級

影響力領域有五個層級可供提升：

▼第一級，員工的影響範圍只有自己和自己的任務。

▼第二級，他們可以影響自己所屬的專案項目及其進度。

▼第三級，他們可以影響自己所屬的部門及其未來策略。

▼第四級，他們有機會影響整家公司。

▼第五級，也就是最高層級，他們可以影響到整個產業。

以上這些都不必擔任「經理」就辦得到。

所有權領域層級

除了影響力範圍外，巴佛也設定出五個對應的所有權層級：

▼第一級是學習階段，這時候的員工是別人培養出來的，還沒掌控任何東西。

▼第二級，員工可以完全掌控一個區域、通路或科室組別，可以負責做出績效。

▼第三級，他們可以為諸多任務與最後結果負起責任。

▼第四級，員工掌控團隊為專案項目或計畫擬定策略，負責執行。

▼第五級，在其所在領域獨當一面，負起完全責任。

巴佛解釋說，每個新層級都需要格外努力，才能更上一層；例如從第四級晉升到第五級，就是掌控權和責任的巨大轉變。團隊裡頭能做到如此水準的員工，其實也不多。

從設計、工程到法務和各個支援部門的團隊，巴佛這套系統對各種類型的員工都適用。員工更上一層，就能獲得更多獎勵，他們在自己熟悉的領域也能不斷挑戰和磨練。公司鼓勵他們提出新想法和新門道，讓他們能在這些領域取得掌控權。

要爬上這些層級要花很多年，但它讓各個層級的員工都有一條清晰的道路可以前進。任何公司也都可以採用巴佛的方法，擺脫金字塔結構的典型限制，解除優秀員工經常感到有志難伸的瓶頸（如圖6-2所示）。

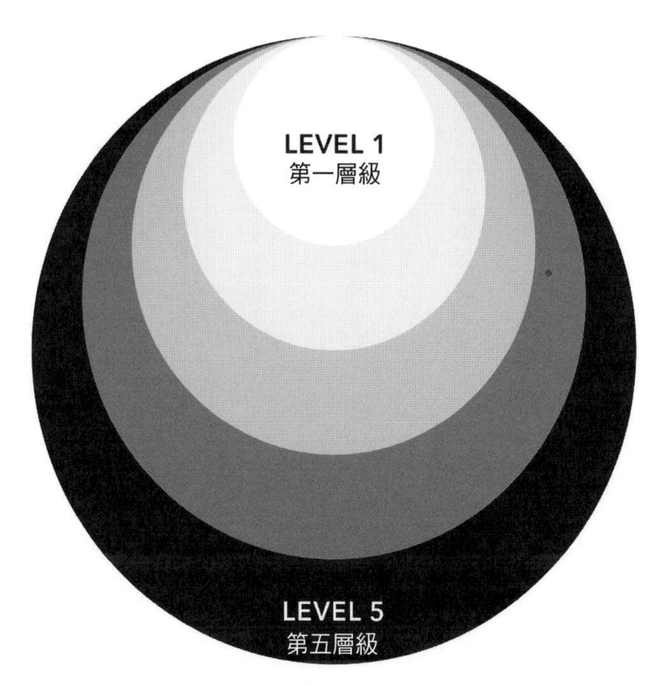

圖 6-2

情緒需求キ資格符合

儘管巴佛的員工發展系統在破除職涯瓶頸上，我覺得幾乎已經是完美的方法，但還是有一個問題，可能讓發展的完整性受到威脅：員工也許在情緒上想要更上一層，能力上卻未必符合資格。

比方說，我以前有個同事叫安娜。她在同一職位上已經做了兩年，對這些例行工作漸感厭倦。安娜只想擺脫現況，也不管自己資歷到什麼程度，公司任何職位她都想申請轉調。

大家都知道安娜不想做現在的工作，她那個才上任幾個月的新主管保羅看得更是清楚。保羅對安娜很同情，所以公司有個新職開缺，他就直接保留給安娜，希望藉此挽留安娜不要離開公司。一周後，保羅卻自己辭職走人。

安娜在新職位適應得並不順利，但這並不是因為她欠缺資源。她已經受過適當的訓練，交接職位的前輩也一路扶持，連續幾個月持續協助處理問題。然而安娜缺少的是一些必要的經驗，更糟糕的是，她欠缺那份工作所需要的情緒宗旨。因為她一開始只是想換個工作，並不想要做這份工作，所以她現在苦苦掙扎也找不到從事新職務所必要的內在動力和興趣。

三個月之後，安娜就因為不能按時完成任務，工作品質也無法達到要求而遭到解僱。

要是保羅沒有把安娜的情緒需求誤以為是工作資格，那麼所有這些不幸其實都可以避免。然而他錯誤的同情只想讓安娜感到有人賞識，反而讓她坐上不合適的位子，結果大家都嘗到苦頭，安娜尤其是撞得滿頭包。那家公司當初要是也能提供巴佛那樣的外部發展計畫，也許安娜還在那家公司服務吧。

最後印象持續最久

企業常常忘記，最後的印象跟第一印象一樣重要。拍電影的人就很明白這一點。最開始和最後的鏡頭，都要認真拍、努力拍，因為這時候對於塑造情緒記憶最有效也最有力量。職場上的印象也是如此。

各位身為組織領導者，在員工和公司的緣分走到盡頭，員工能不能跟公司善意分手，你負有重大責任。同樣的，你要負責傳達適合當下的情緒。員工離開公司會帶著什麼印象離去，經理人妥善處置便可發揮正面影響。

首先要注意的是，解僱員工的訊息該如何發布，一定要特別謹慎。有些經理人覺得最好就是直接告知，長痛不如短痛：「我現在要直接跟你說，我們決定讓你離開。」不帶情緒地處理這件事，對經理人來說也許比較容易，可是對員工那一方可就一點也不容易。你要是不把背景資訊說清楚講明白，沒有提供解僱的理由，大家就會亂猜亂想，而且一定會想歪。其實不需要這樣折磨快要離開的員工。

就算他們的表現再怎麼糟糕，都不應該如此對待。

這時候要記住：我們要評論的是表演本身，而不是表演者本人。各位在傳達訊息時務必謹慎，不能讓你的情緒控制訊息，而且你身為管理者一定要公開透明和真誠無欺。談話開頭可以先回顧你之前給他們的幾次回饋意見（希望你有），之後再講你對他們的工作觀察。再來就是要跟員工公開對話，說明為什麼必須做出如此艱難的決定，並聽取他們對問題狀況的回應。被解僱員工的回饋意見，對組織發展非常有用，就像你的回饋意見可以幫助他們成長一樣。

另一種狀況是，員工要是發現新機會或因為個人因素而離職，經理人要表達謝忱，感謝他們對公司的努力和貢獻。你可以跟他們說，他們的離開讓你深感惋惜，但也很期待看到他們以後會有好表現和好成就。

這時候也是了解他們在公司工作狀況的好機會，透過他們的經驗回饋，你才能加強改善職場環境，留住那些好員工。從這些對話中，你可以學到許多，了解很多狀況。而且這些坦誠交談也可以為離職員工建立信心，讓他們感覺更好，何樂而不為呢？

我自己就可以證明這種交流會帶來多大又多好的力量。我當初決定離開蘋果公司，幫某金主從頭打造一家新企業，其實那時候覺得壓力超大也很猶豫，不確定自己是否該辭職去創業。後來我提了辭呈，當時在公司工作快滿五年了，我的經理史考特馬上就說：「你現在該是發揮潛力的時候了！像你這麼聰明的人卻無法讓你步步高升，我真是感到非常沮喪。現在我很高興你找到適合自己才能的機會。他們的團隊中找到你這樣的人才，真的很幸運！」

當然不用說，我那天的自信簡直是膨脹了三倍。原本要跟他談之前，我猶豫擔心了好幾個星期，結果他給我好大的鼓舞。我不只是感覺好很多，而且他的回應也讓我對蘋果公司留下持久的好印象，更讓我覺得蘋果真是個好東家。

從應徵到離職，各位都要照顧員工在公司的情緒經驗，也就能打造出努力實現目標而信心滿滿的優秀團隊，而且公司作為好雇主的名聲也會持續下去。

第7章

讓你的設計融入情緒

設計其實就是交流與溝通，因此設計者對交流對象也要有深入的理解。

——唐納．諾曼

《設計的心理學》（*The Design of Everyday Things*）

剛剛談的是公司內部的情緒體驗，現在要談談客戶的情緒體驗。我們要在這一章仔細研究企業產品與服務的「使用者體驗」，即大家所說的「UX」（user experience）。使用者體驗是要做到一體適用的設計，讓各種用戶、各自不同出身背景和教育水準的人都能接受喜歡，其運用範圍包羅萬象，從產品行為、展店布置到網站流程等設計都可以包括在內。

下一章要討論的是更為個人化的內容，也就是客戶體驗「CX」（customer experience），包括客戶怎麼認識你的品牌、他們看過什麼廣告、他們朋友的觀感，以及他們和你的員工如何互動等。

使用者和客戶是兩個不同的概念，各位務必加以區別，很多公司常常到最後只知其一不知其二。其實兩者的體驗都很重要。

以三星和蘋果手機永無止境的競爭為例。三星的廣告總是把焦點放在手機的使用者體驗，強調特定產品功能，從這上頭你不能一眼看出這些功能對客戶的生活和目標會帶來什麼好處。跟三星鮮明對比的是蘋果的廣宣專注在客戶體驗，強調全球各地的客戶使用蘋果手機會帶來什麼樣的快樂生活。

所以蘋果手機的廣告很少強調產品功能，而是刻意表現客戶與蘋果產品情緒互動的各種形象。過去蘋果廣推「iPod」，他們的廣告從沒談過「iPod」到底有什麼了不起的功能，而是只有幾個戴著白色耳機的年輕人聽音樂跳舞的剪影。蘋果有一支廣告「我是『Mac』、我是『PC』」，也是表現客戶利用「Mac」能做到這個那個，但不強調「Mac」的電腦功能。

這樣做的效果如何？蘋果跟客戶建立的深厚情緒聯繫，其他公司不管產品做得再怎麼出色，也很少能夠趕得上。客戶在三星手機上也許更能體會一分錢一分貨的價值，但是他們對三星手機談不上「愛」。

我們用廣告可以吸引客戶的注意，透過那些獨特功能可以喚起客戶的興趣，但光是這樣還是不能贏得客戶的心。要贏得客戶芳心，必須在整個使用過程中，讓客戶持續體驗正面情緒。他們在使用過程中，任何時候產生的任何體驗，都會慢慢改變客戶對你的看法。儘管是長期的客戶，只要有一次糟糕的體驗，他們的心可能就會離你而去。

情緒設計從初體驗開始

在你正式設計產品或服務之前，就要先想清楚，你想帶給客戶什麼樣的情緒體驗。是撫慰療癒、興奮激動還是消災解厄？

請問問自己，我們是想要增強正面情緒，還是想要消除負面情緒？對這一點各位要多想想，而且在這個剛開始的階段，這個判斷的影響力會達到最大。到了設計階段時，你根據這個判斷就能對提供客戶什麼體驗達到百分之百的控制。

在這方面，應該考慮得更深更遠。只是提供客戶瞬間快感和短暫快樂是不夠的。我們要努力建立一種長遠關係，讓他們一輩子都覺得很快樂。

提升客戶體驗的成功設計

我堅決認為，我們做產品、做服務，就是要用某種方式來豐富客戶的生活。不然這一切又何必呢？我們所做的一切都是為了這個宗旨而努力，所有必要的資源都要提供給客戶，一起朝向這個宗旨邁進。

迪士尼每一個產品、每一項服務都是為了創造快樂和幸福。

每一種保險產品都是為了消災解厄。

每一種清潔用品都是為了消除厭惡不快。

賈伯斯在二〇〇七年第一次推出iPhone時，說它「像在變魔術一樣」。然後他把這種神奇的感覺應用到整個用戶體驗上，召喚出強烈歡樂感。魔術就是會帶來驚喜和快樂啊！但他也確實打造出新手機的優勢，排除一些過去常見的困擾，例如不必再為實體按鍵傷腦筋。

蘋果成為全世界最有創新能力的公司，這個歷史地位就是在那一刻鞏固起來的。但是仔細分析它的每一項創新就會發現，其實只是在鼓勵正面情緒、消除負面情緒，雙管齊下的成功設計有效提升客戶的使用體驗。

達到無摩擦境界

各位要是能在產品上喚起客戶的正面情緒，那就太棒了。但要達到那種變魔術般的神奇境界並不容易。但幸運的是，各位還是可以透過消除挫折感來贏得客戶芳心。

這時候的目標是什麼呢？就是要設計出「無摩擦」（friction-free）的用戶體驗。

在這個充滿壓力的時代，能夠創造出無摩擦環境的企業才能抓住客戶，讓他們再度光臨。當然，要穩定運作、盡量減少障礙，提供客戶流暢使用體驗的設計也很不容易。這種無摩擦流程的設計非常耗時耗力，必須一再地測試甚至打掉重練好幾遍，還需要很多妥當完備的即時支援才辦得到。

說服用戶歡喜參與

現在這個時代，任何產品和服務都在不斷地改進和改善。實際上，定期升級更新已經變成一種最基本的期待，從手機、汽車一直到烤箱、家電甚至是電燈泡，都在不斷地推陳出新，創造出更多更方便、更無摩擦的新產品。

然而大家如果都一直期待更多更新更好，那我們怎麼吸引客戶來買呢？我們怎麼說服客戶現在就來買，不要再等下一個新款式或新型號呢？

聽起來好像不容易，但身處現在這個時代，其實也沒有那麼難。只能抓住客戶期待新品的期待，讓他們在心理上不會產生負擔，就能說服客戶相信現在是購買的好時機。不管是為現有客戶提供升級程式、免費軟體升級，還是便宜又大碗的折扣優惠，客戶最想知道的就是他們不會被困在老舊的版本。

各位要是能夠正確傳遞這個訊息，即可消除客戶恐懼，降低進行採購的情緒障礙，而且還能保持客戶的參與熱忱，熱切期待下一次升級。

只要客戶在使用途中不會遇到顛簸震盪，他們就會歡喜參與繼續下去。

找出痛點

無摩擦體驗非常重要，因此各位在設計用戶新體驗的時候，一定要先找出現存產品的痛點和摩擦區域。你要仔細研究競爭對手的產品，找出讓客戶感到痛苦的原因，再回來深入檢討自己的設計會不會帶來痛點。

星巴克精心設計的用戶體驗，其實是環繞一種情緒為核心：就是要讓你放輕鬆。

那麼星巴克有沒有解除客戶的痛苦呢？很多咖啡店常常搞得像是快餐店，只想到翻桌率，客人快吃快喝！喝完快走！下一批客人才能進來。有些咖啡店也會配備桌椅，但不是為了讓客人長時間占用——也許工作、也許聊天談話而設置。我去過一些咖啡店甚至還直接嗆說：「你桌上要是已經沒有飲料，就請離開吧！」

正是考慮到客戶這些情緒需求，星巴克把咖啡店服務徹底翻新。它們除了優質咖啡和友善的咖啡師之外，各位不管在哪裡旅行，看到的星巴克都一樣提供舒適、熟悉，甚至可說是「溫馨」的感覺。星巴克的服務速度很快，但員工不會讓你感到催促或不受歡迎。

而且星巴克不只是注意到店裡顧客的痛苦，也考慮到它對整個鄰近區域的影響。這個街區的人為了一杯星冰樂，需要排隊等待多久？他們可以輕鬆地找到舒適地方，坐下用筆電做點事嗎？在這裡開店會影響交通流量嗎？所以各位有時候會在一兩個街區就看到好幾家星巴克，因為該公司想要盡量減輕客戶的痛苦。

無情緒設計

玩具反斗城在二〇一八年倒閉關門，有人說是因為亞馬遜等競爭對手提供更便利的服務所致，但我相信還有另一個原因跟亞馬遜完全沒關係。玩具反斗城一直沒好好考慮到主要客戶的情緒，也就是那些為小孩買玩具的大人。

我小時候去反斗城，完全不在乎那裡又吵又鬧又混亂，走道上亂七八糟，整家店就像個好玩的大倉庫。我真的很喜歡去那裡亂轉亂逛，地上那些玩具讓我又躲又閃，好像在玩躲地雷一樣。不過等我長大以後，光是看到走道上那些玩具就讓人皺眉，可是這偏偏是反斗城最有趣的特點。所以來買玩具的大人只會感覺像是進入一場噩夢，他們只想趕快找到玩具，在感到沮喪或疲勞得半死之前趕快離開。

其實反斗城的人如果願意透過大人顧客的眼光來設計整個店面，也許就會發現很多機會，尤其是我們這些客戶其實小時候就常來這裡玩，自然產生一種有趣的懷舊感。這樣的情緒關聯，是像亞馬遜那種公司很難創造出來的特殊體驗。

目前在消費電子零售業做得很出色的百思買（Best Buy）如果不小心一點，也很可能重蹈覆轍。百思買跟玩具反斗城一樣，整家店也到了讓人「頭痛」的地步。而且每家店的布置安排都一樣，對顧客的幫助並不那麼直觀有效，這就跟公司的期望不符。百思買設定的宗旨是「透過科技來豐富消費者的生活」，可是它又不做技術，只是賣東西和支援客服而已。所以在我看來，百思買應該提供的是最好的消費購物和客服體驗，才能豐富消費者的生活。以後如果哪一家電子零售商能以客戶情緒體驗為核心完成簡化設計，必定可以贏得市場。

每一家販賣雜貨的商店都要想一想，顧客走進店裡會有什麼感覺。一般來說，奶製品和其他熱銷品項都故意擺在最裡面，所以客人幾乎都要走過整家店才能找到這些東西。然而採取這種策略，不就是為便利商店開拓商機嗎？它們主打的就是迅速購物的體驗，讓你一進門就找得到想要的東西，不必浪費太多時間。

藥房的處方櫃檯也擺在最裡面，但這個作法就很正確，因為客人可以獲得更多隱私，要購買藥品或衛生用品會感到更加自在與從容。

不管是否經營實體店面，各位都要小心衡量每個設計決策，確定是否照顧到客戶的情緒需求，切忌做出冷冰冰的決定。

Google首頁為何簡單樸素

Google的成功不僅在於電腦技術上的創新，更多的是它對情緒設計的理解和掌握。Google從一開始就認識到網路之大，無邊無際，所以用戶需要一種方法讓它變得單純一點，才能迅速有效地找到自己想要的東西，排除一大堆亂七八糟的資訊所干擾。

而簡單樸素的Google首頁就是這個策略的開始。我們在Google進行搜索時，也許會找出成千上萬個結果，但Google不會不加篩檢地全部倒給你。它會透過演算法的條件，優先提供最受歡迎或跟你最相關的結果，每個分頁最多大概呈現二十五條連結供你點閱瀏覽。分頁最底下的「Google」字樣重覆好多個「O」，讓你知道還有許多搜尋結果備查，十分有趣。儘管全部結果可能長達七百頁，但Google只會先跟你說有十頁，讓你不會對網路的浩瀚無邊不知所措。

跟Google鮮明對比的，是雅虎、美國線上（AOL）和微軟的「Bing」搜尋，它們在首頁上都努力跟新聞和廣告做連結。其實搜索用戶就是不想搞得太複雜，複雜到不知如何是好，但這些公司都不會替用戶著想。

各位從這個對比可以明顯看出Google是怎麼贏得這一仗。

客戶參與的障礙

各位的產品或服務如果是採用無摩擦設計，而且努力創造歡樂或減少恐懼和挫折感（或各種負面情緒），那麼恭喜！你已經完成一半了。

接下來，我們要讓客戶的情緒參與你的聰明設計。

但是在開始擬定銷售基調和行銷策略之前（下一章討論客戶體驗時會再詳述），我們先一起動腦思考客戶想要使用你的產品或服務時會碰到什麼障礙。這可能包括客戶的地理位置、財務條件、體能狀況、訓練水準、運輸或交通條件、搜尋引擎最佳化等因素所影響。

你的商店如果開在購物中心裡面，請先想想客人要怎麼到達你的位置。他們要先開車到購物中心，停好車子，逛過購物商場、經過一大堆人群。等到客戶找到你的商店時，他們已經獲得幾種不同的體驗和情緒——只是為了到你的店買東西。他們到你店裡是已經累壞了還是精神正好？要怎麼減輕客戶的負擔？你和店員該做什麼可以改善狀況？

我在蘋果商店工作的時候，我們會仔細研究客戶滿意度調查報告，看看他們會怎麼向家人、朋友推薦我們的商店。我當時上班的那家店是開在戶外商場，所以停車一直是客人的大問題，到最後也就變成我們的大問題。我們沒有蘋果商店專用停車位，所以客戶要來店裡可真是不容易。我知道你在想什麼，這個新聞標題似乎很好笑：「蘋果商店的窮客人要走路過來買昂貴的科技產品」。其實這些客人有很多年紀還不小，他們可能是要來參加個人訓練課程或預約維修服務。當他們到達店裡時，通常都累壞了，而且火氣正旺，使得他們的整個體驗更加不爽，這在我們的客戶調查中一次又一次地顯現出來。這就讓我們想問，這個停車問題到底嚇壞多少人，有多少個朋友或家人因為聽到客戶抱怨說找不到停車位而不敢來呢？

而且障礙也不只是實體上的。你要是製作一款APP，客戶要從蘋果或安卓的APP商店下載。請問他們下載方便嗎？如果檔案比較大，也許需要仰賴Wi-Fi連線，所以在用戶實際使用產品之前，檔案大小和用戶手機網路連線都會產生影響。還有，APP商店本身的體驗，也必定會影響用戶能否在幾百萬種APP中找到你的產品。

要運用什麼力量，才能在用戶一開始接觸產品時就優先排除摩擦感呢？

創造沉浸式體驗

等到客戶終於進入你的商店或網站，完全掌控他們體驗的機會來了。要找到一個可以讓他們放下手機，給你百分之百關注的好理由。

所謂的完全沉浸（full immersion），就是要把任何潛在干擾控制到最低。你的目標是要吸引客戶全部的注意力，希望他們只專注在你的產品或服務。戲院要是開著窗子，恐怕效果就不太好。不過降低干擾只是沉浸式體驗的一部分。我們要讓客戶完全沉浸在你創造出來的體驗之中，必須積極刺激他們的五感：觸覺、視覺、聽覺、味覺和嗅覺。感官的參與度越高，沉浸感就越是綿密細緻。請想像一下可以同時刺激五感的戲院。一流戲院必定配備舒適座位，觀看銀幕角度適中不受阻礙，不會太近也不會太低，音響系統的音量既不太大也不太小。當然，空氣中還有陣陣令人垂涎的爆米花香氣，而且它們真的好好吃喔！

我們也不難看出集合五感關注的沉浸感，對飯店旅館、主題樂園和餐廳也都一樣重要。一家餐廳儘管提供很多美食，要是你走進去只聞到桌上散發刺鼻的清潔劑味，想必會讓你胃口全失而且觀感馬上遭到破壞。現在有好多餐廳增設戶外餐區，這其實是個冒險的舉動，因為餐廳老闆無法控制戶外街區的聲音和氣味。誰也不想在吃飯時聞到引擎廢氣或垃圾箱的氣味，我們的大腦會馬上產生厭惡、憤怒和失望的反應。

即使是看似微不足道的東西，例如窗口一盆枯死植物或玻璃污跡，也會變成客戶評斷經營品質或用心程度的訊息指標。

在任何商業環境，這個道理都是一樣的。

各位搭乘西南航空（Southwest）的飛機，大概會注意到燈光是藍色的，這可以減輕壓力；同時機上氣味也會讓人覺得特別芳香怡人，這是因為那麼多乘客要擠在機艙的狹小空間那麼久，你大概也不想知道大家一身臭汗是什麼味道吧。噴射引擎的聲音也特別處理過，有時是利用隱藏的白噪音系統來抵消惱人的喧囂音頻。座位牢固、椅墊扎實，你坐上去不會陷進椅墊，離開後也不留痕跡，不會讓你多想這座椅到底是經過多少人蹂躪過才會變成那樣子。其實座椅材料都經過精心設計和挑選，可以掩飾外觀上的磨損。這就是航空公司控制各種感官體驗的努力。

我們做產品也能做到沉浸式體驗。包括採購、運輸、交貨、開箱、使用和客服支援，都是可以設定規畫的體驗。

蘋果公司在產品上就能創造完整的客戶體驗，這一點常常受到讚賞。簡單又容易開啟的外包裝，客戶不必動用剪刀。純白光滑紙盒，帶來舒適的簡約感。「Mac」電腦啟動後的鈴聲，做得真是非常好聽。要是聽到令人不快的沉重聲音、看到視覺警示，表示出現無法解決的問題，這時候還有機會重新再來一次。

這些都不是隨機發生、偶然出現的。蘋果早就做好規畫，從你的感官開始，進而掌握你的情緒。

體會客戶的感受

企業常常沒考慮到客戶的整體感受。比方說，餐廳就很少考慮到那些等候入座的客人到底有什麼感覺。餐廳客滿、座無虛席，就更應該仔細規畫和設計要帶給客人什麼感覺才對，結果我們只看到一堆客人散坐店外花壇或是排隊等候。有些擁擠的露天酒吧會給客人呼叫器等候，那也不是很理想。

那種一點都不貼心的設計和安排，我真心覺得不行。然而客人就算排到座位，進了餐館，還是要繼續等下去：

客人被帶到餐桌。

過了一分鐘。

服務生過來問說：「各位想要先喝點什麼呢？需要水嗎？」客人點好飲料，服務生離開。

過了兩分鐘。

服務生帶水過來：「各位的飲料馬上就會上來。請問需要開胃菜嗎？」客人說好，而且也要點主菜。服務生記下所有點菜，然後又走開。

過了一分鐘。

飲料來了。

過了五分鐘。

開胃菜到了。

過了十分鐘。

主菜上來。

過了十秒或十分鐘。

服務生過來做品管確認：「請問口味滿意嗎？飲料需要續杯嗎？」

過了二十五分鐘。

客人用餐完畢。服務生從旁邊走過去，但不與客人目光接觸。

過了五分鐘。

仍然不與客人目光接觸。

再過三分鐘。

需要看一下客人要什麼吧？

再等兩分鐘。

服務生與客人目光接觸，過來問說：「各位需要甜點嗎？」客人說不用，並要求結帳買單。「好的！我馬上過來。」服務生走開。

過了五分鐘。

服務生帶著帳單過來，但不知道什麼原因又急忙走開。

又過了五分鐘。

服務員回來拿帳單，問說：「要一起算還是分開結帳？」

過了五分鐘。

服務生送回客人的信用卡：「讓你久等了！祝大家今晚愉快！」客人離開。

過了五分鐘。

桌子收拾好、擦乾淨。

一分鐘以後。

另一批新客人被帶到餐桌位置。

這還不算一開始排隊排了多久，光是這些大家很熟悉的這個五分鐘、那個五分鐘，總共就耗掉八十五分鐘！餐廳料理做得再好吃、店裡布置得再漂亮，也會被客人批得一無是處，覺得一點都「不值得」，因為這整個過程都沒有貼心規畫，也沒有仔細執行。

當然，像這些常常在餐廳碰上的煩惱，大家看作是「生活的一部分」也就算了，但各位可以想一想，要是每一步驟都能讓客人體會喜悅與效率，又會為餐廳帶來多少忠誠的客戶？

美國德州奧斯汀有一家好大迪漢堡店（Hopdoddy），雖然還沒到完美境界，但可以肯定它的確是非常努力在提升餐廳體驗。好大迪很受歡迎，生意非常好，客入常常要等四十五分鐘以上才有位子。

但是在你排隊的時候，服務生就帶著iPad過來問你想喝點什麼，吧檯專人準備好就能送上。還有另一個服務生端著餐廳著名的松露薯條或奶昔新品讓排隊客人試吃試喝，各位來餐廳就是要吃要喝啊！餓肚子乾等怎麼行？排隊時還有一位服務生帶著iPad問你總共幾人，為你指定桌號，告訴你待會坐哪兒。而且那部平板也能讓你點菜，所以結帳買單時只要提供桌號即可。

各位在好大迪入座以後，指定桌號的服務生會過來打招呼。這時候你雖然已經點好食物和飲料，但如果你想更改或加點，那位服務生可以幫你處理。因為入座前就先點好菜，所以你知道只要再等五分鐘、十分鐘就能上菜了。用餐時如果還有什麼要求，也會獲得服務生確切回應，毫不推延敷衍。

各位可以想一想傳統的餐廳流程，你要花多少時間排隊等座位、等服務生來點菜、等廚房做好、等上菜上飲料、等結帳買單。這些拖拖拉拉的流程累計下來，各位要是能在兩個小時之內吃完離開就要謝天謝地。而且這麼長的時間，真正讓人覺得高興的，通常只有實際大快朵頤那十五分鐘而已。

從中可以學到什麼教訓呢？傳統體驗未必就是好體驗。我們要全面考量客戶體驗，設身處地去體會，才能做到真正的成功和創新。

直覺式流程

好大迪剛開始碰到最大的問題是，要先向客人說明與別家店不同的流程，也就是排隊時先點好菜再找指定號碼的桌子。所以各位去那家餐廳，聽到的第一個詢問就是：「請問客人以前來過嗎？」

同樣的，各位如果去吃日本鐵板燒，大概也會覺得困惑，因為得要跟其他客人一起圍著一張大桌子，廚師站在中間為你炒菜上菜。

蘋果商店剛開始的時候，也很注意客人預約「天才吧」（Genius Bar）客服，因為流程設計得比較特殊。但是經過一段時間之後，就發現大多數客戶已經不需要額外協助。不過還是會有一些跟蘋果服務不太熟的客人，第一次到店裡來會覺得焦慮，不知道該怎麼辦。

企業常常會覺得自滿，以為每個客人都應該知道店家設定的流程是怎麼運作。

順風順水的生意做久了，一碰上客人提出「蠢」問題，店員反而覺得不耐煩或生氣，甚至對首次光臨、置身新環境的客人擺出高高在上的施恩態度。

優秀企業要儘早發現這個問題，看是要設計出聰明而直覺式的流程，或者是配備訓練妥善的指導員，友善協助客戶通過整套流程。

在IKEA迷路

宜家家居IKEA肯定是想為客戶帶來沉浸式體驗。我們在它店裡看到的，不僅是滿坑滿谷的產品，還有這些產品一起裝飾布置的整個房間，還有各式各樣簡直可以馬上啟用的廚房、客廳、臥室和浴廁，所有的陳列展示對於細節始終保持狂熱關注，一點都不馬虎。

但是這種沉浸感大到整家店都浸在裡頭，就讓人覺得像是一座超大迷宮。客人是會不時看到一些捷徑指示，但各位大概還是按照規定好的路線走，整個迷宮都逛過一遍，才能找到你要的東西。店裡動線的設置也許夠直觀（不過陳列展示的順序還有很多可以討論），但不管你對店裡的安排布置多麼熟悉，從頭走到尾還是要耗費很多時間。

各位要是對幽閉空間有點恐懼，宜家恐怕不太適合你。要是你根本沒什麼時間，就更別提了。

宜家的東西不貴，造型不錯，也不難組裝，所以很獲好評。但是它的實體商店卻讓客人感覺焦慮和挫折，實在是很不搭調的使用者體驗，有些客人大概就因此選擇去別的店而不逛宜家。雖說客人在迷宮找路時可能會多買點東西，但我其實很懷疑這些衝動性購買可以彌補那些被嚇跑的潛在損失。

迪士尼樂園的魔法體驗

我們剛剛已經討論過沉浸式體驗、體會客戶感受和直觀設計，現在就把這些組合成最理想的使用者體驗。

在這方面，我認為再也沒有比迪士尼樂園更好的例證。

迪士尼長期以來可說是想盡一切辦法來操控客戶體驗，從一開始預訂住宿和購買入場票券，公司就提供種種優惠方案來吸引、鼓勵消費大眾。然後從買票到成行，真正入園遊玩，迪士尼公司幾乎把遊客可能碰上的任何障礙都先考慮和排除，這都是為了提供遊客最佳最美的迪士尼體驗。

各位在迪士尼訂好門票和住宿，它就先把「魔法手環」（MagicBands）送到府上，這些安全防護很好而且可以調整大小的手環，把你預訂的飯店住宿、遊樂園門票還有一些像是姓名、生日，甚至信用卡號等個人資訊都記錄在裡頭。你進遊樂園，它就是入場票券；你到住宿旅館，它是房間鑰匙；而且你在遊樂園和飯店的消費，靠這個就能付帳買單。所以你完全不必害怕信用卡沒拿回來、房間鑰匙掉了，那些非常重要的零碎小事都不必你擔心。

如果你是從外地先搭飛機到奧蘭多（譯按：佛羅里達州迪士尼樂園所在地），你可以先跟迪士尼說明航班編號，它會給你米老鼠圖案的鮮黃色行李牌。當你到達目的地，航空公司會按照指示把那些黃牌行李堆在一旁，讓迪士尼公司的人直接幫你送進旅館住房。所以各位下飛機以後，直接去搭迪士尼免費巴士即可，完全不必在輸送帶那兒傻等行李。

那些接送巴士甚至也有一位迪士尼角色人員充當臨時導遊。在你前往飯店的途中，他們會先播放影片介紹迪士尼樂園各種遊樂設施，為你接下來的行程定下期待與興奮的基調。

各位入住飯店做好登記後，有時候會得到一些遊樂園紀念章等小禮物，然後會有一位角色人員帶你去住房，順便介紹渡假中心的相關設施，閣下一家的行李也已經在房間等你了。如果各位是常去的老客人，甚至不用先去櫃台登記，直接戴著神奇手環就能去房間，那就是你的鑰匙。

最後進到遊樂園的時候，你會發現它的設計非常直觀，自然會引導遊客進入各項設施，讓你從這個區域轉到那個區域。迪士尼的幻想工程師在他們

那本《迪士尼幻想工程》（*Walt Disney Imagineering*）的專書中解釋：[10]

從中央大道走到冒險樂園（Adventureland）的距離並不遠，但主題和故事都有很大變化。為了讓這趟路程順利過渡，主題布置的圖像、色彩、聲音、音樂和建築風格都是逐漸變化，讓遊客可以順利融入。遊客走在路上，甚至連腳掌都可以感覺到路面鋪設的變化，告訴你前方即將出現不同的東西。氣味的運用，可能也是全方位融入的重要元素。在夏季暖風吹拂時，一進入冒險樂園就會聞到一股熱帶植物與異國風情的甜香。遊客經歷這些色聲香觸味的五感變化，沉浸融入的過渡也就完成。

在接下來會連續出現幾個主題遊樂園區，但你在明日世界（Tomorrowland）絕對不會看到一個海盜四處走動，因為海盜只有在冒險樂園才會神奇地出現又消失。園區各個「神奇王國」（Magic Kingdom）都設置在二樓，也就是所謂的「舞台」。舞台下的一樓是許多通道、休息室、辦公室和浴廁等設施，或稱為「後台」。這種地道式的安排讓演員神出鬼沒，可以前往公園的每個角落，而不會被客人發現或絆住。米老鼠要是從中央大道走去幻想世界（Fantasyland），那就是安排好的特別活動，大概也會有人隨行照料。不然他會走地下通道，直接抵達需要的位置。

園區垃圾甚至也是透過地下通道神祕地清除掉。各位可以想像一下，要把園區所有的垃圾清運乾淨，需要花費多少人力和時間。然後你想一想，你在別的遊樂園裡頭感受到的糟糕體驗，例如滿到溢出來的垃圾桶和走道上沒人清掃的紙屑。

除了它的舞台設施高人一等之外，迪士尼享譽業內的是排除厭惡、憤怒和恐懼等負面情緒的卓越能力，他們最厲害的就是能把這些不好的情緒降到最低。各種遊樂設施都會通過最安全的標準，而且每天測試好幾遍，你大可放心。整個園區也分散設置一些隔離區域，讓遊客偶爾可以遠離人群，安靜一下。你當天要是在餐廳訂不到位子，迪士尼也會盡量為你安排稍晚或隔天的時段。

---

10 *The Imagineers, Walt Disney Imagineering: A Behind the Dreams Look at Making More Magic Real* (White Plains, New York: Disney Editions, 2010).

這種真正的沉浸式體驗，每個設計環節都要仔細琢磨，考慮清楚，每個員工都努力維護和加強迪士尼神奇體驗的完整，不會遺留任何一部分去碰運氣。

效法迪士尼進行設計

各位現在可能不是要經營主題樂園，也許是開餐廳或經營網站，或者是想要做出更好的烤麵包機。但不管各位經營哪一行、從事哪一業，都可以從迪士尼經驗學到一點東西。

各位不管是從事哪個行業，都可以先退後一步，問問自己要怎麼做才能更全面地掌控客戶體驗。我們要先找到方法來消除負面情緒（無論它是多麼細微渺小），然後再找到創造快樂幸福的方法。

在各位闔起這本書，開始設計完美的使用者體驗之前，要記住它只是整體的一部分。我們在下一章會繼續探討公司要怎麼創造完整的客戶體驗。屆時各位就會了解，客戶體驗正是建立公司聲譽、激發複雜情緒、創造最大優勢，即客戶忠誠度的最關鍵因素。

情緒溫度計

隨處可見的使用者體驗

不信的話，假裝你現在是警察局長。激發正確情緒也是你的工作，因為正確情緒會改善客戶（公眾）體驗。

就拿警車的顏色來說吧！

各位如果注意一下歐洲的警車，會發現通常是白色的，再加上顯眼的螢光黃或亮藍色。這種鮮豔明亮的色彩，讓人覺得輕鬆愉快、比較沒有威脅感，而且緊急狀況下容易識別。這種警車讓人覺得心情愉快，也強調出警察的使命就是保護和服務社區。但是美國的警車常常是冷酷的黑色，車門塗成對比的白色。德州的警車有些甚至是全黑的，連「警察」字樣也用黑色強調。

所以你在美國看到警車的時候，不會覺得：「它們在這裡是要幫助我」。因為它們的設計就像是要躲在隱密之處，令人心生警惕。這種黑色的設計通常是警方訴諸「恐懼感」，它發送出來的訊息是：「切勿以身試法！就算你看不到我，我還是在監視著你。」

歐洲警察連衣服的設計都比美國警察更加親切友善。那種花色明亮而友好的制服才會讓你安心向警察求助，而不是一看到就想躲開。

第8章

建立忠誠的客戶關係

你要先把握住客戶體驗，然後再回頭去發展技術，不能反過來。
——史蒂夫．賈伯斯

我這句引言挺大膽的，像是在鼓勵各位從最後這一章開始讀，不過各位如果能從這本書學到什麼，我希望就是這最後一章。也就是說，我把這個最重要的主題保留到最後才講。

在處理廣泛又複雜的客戶體驗之前，讓我們先花點時間重新調整自己的方向。到目前為止，我們已經討論過五大核心情緒，了解它們產生的原因和發展過程，以及它們得以驅動行為的強大能力。我也說明過，企業宗旨不僅僅是做生意，也必須是以人為本的情緒宗旨。我詳細解釋高情商領導者的不同之處，善於設身處地、換位思考的領導者，在領導統御上也更容易成功。我們也一起動腦思考過，員工從應徵、到任到最後的成長發展或離職另謀高就，在情緒上如何進行領導。然後在上一章繼續討論產品和服務設計上怎麼融入我們的思考和情緒，讓客戶進入你的場域時會感受到驚喜和愉悅。在這一章中，我們要結合客戶體驗進行最後的總結。

先提醒一下，所謂的客戶體驗是包括客戶與公司有關的所有經驗，從廣告、媒體報導、社群網站一直到與親朋好友的閒聊對話；客戶和你的產品、服務或員工有關的個人經驗；其他任何跟公司相關的經驗。

以上這些，就是客戶和你的全部關係。

各位閱讀本章時，請記住：客戶就是人。所以我們要設身處地、為他們思考，應該不難。我們經營企業，總是以吸引更多人來照顧你的生意為目標，然後透過這些人幫你說好話，又吸引更多人。所以我們也可以自己先想一想，我們自己就是一個顧客，為什麼你會去甲店而不去乙店呢？你會跟家人朋友推薦哪家店或商品？你為什麼會推薦它們的東西？

客戶忠誠度五階段

不管從事哪一行，客戶忠誠度都是企業最重要的指標。沒有忠實的老客戶，你也很難再吸引更多新客戶，你的生意也很快會欠缺新血而走向失敗。幸運的是，客戶忠誠度的變化也有明確階段，只要你能確定現在所處位置，就能找到許多加強客戶關係的方法和訣竅。客戶關係總共可分為五個階段。

第一階段是「觀望者」（Prospect）。這些人聽過你的公司，也許能從你的產品或服務受益，但他們還沒有仔細研究過你的品牌。以大型購物中心來類比的話，觀望階段就是指那些只是經過你店面的人。

第二階段是「購買者」（Shopper）。這些人知道自己需要什麼，而你可能提供那些東西，所以他們會來找。以購物中心來說，就是這些人會去逛跟你類似的商店。

第三階段是「擁有者」（Owner），也就是已經購買公司的產品或服務的人，已經有使用者體驗。

第四階段是「參與者」（Participant），這些人已經購買你的產品或服務，而且非常喜歡，所以想要接收更多的品牌訊息，願意追蹤社群網站、會穿熱推品牌的運動衫、會關注促銷優惠或你們其他活動。這樣的客戶其實是自己付出時間在跟你搏感情，雖然一開始可能是你先主動拉攏示好。參與者的階段是最難達到的忠誠度表現，也是客人唯一可以跳過的階段。

第五個也是最後一個階段是「推廣者」（Promoter）。推廣者非常滿意自己的體驗，所以會主動積極地分享經驗，把貴公司的好東西推薦給親朋好友。客人到達這個階段可能各有不同經歷，快慢不一，但結果是一樣的：就是帶來免費、自主的廣宣效果。

雖然推廣是最後一個階段，強烈顯示客人會幫你推薦，但令人驚訝的是，這並不是客人最難以到達的階段。其實從參與者到推廣者並不難，但要從擁有者升級為參與者可是困難得多。對企業來說，要豐富客人的生活，讓他們樂意跟你的品牌互動，是個很大的挑戰，但客戶一旦開始參與以後，自然就會變得更熱情。

其實以上所談的階段變化，也適用於員工身上，他們經歷的心路歷程也幾乎一樣。觀望階段的員工是已經具備適當的履歷資格，購買者是開始申請或應徵工作，擁有者就是已經被錄取僱用，參與者相信自己在公司可以發揮所長，希望會有更大發展，最後階段的推廣者就是會積極主動地把自家公司或品牌介紹給親朋好友。

接下來我們要用這些階段為基礎，針對整體客戶體驗發展出更有意義的關係。

第一印象

對很多客戶來說，廣告或個人推薦可能是他們接觸到貴公司業務的開始。而各位大概也都聽過：第一印象的效力會持續很久。不管你一開始發出什麼訊息，大家都會記得很久，所以一定要小心謹慎地擬定訊息，把自己介紹給全世界。這個訊息不但要針對購買者，也要能打動觀望者。也就是說，現在外頭還有些人可能不知道自己需不需要你的產品。

設計新聞稿或第一次廣告時，也要跟設計產品一樣慎重，要先確定一些基本問題。你希望大家在認識你的時候，會有什麼感覺？這種感覺要怎麼引導到下個階段？

你是不是想要喚起觀望者的飢餓感，所以故意為產品設計限量版？也許是讓他們同情貧困兒童，勸募捐款來支持你的計畫？還是你想喚起好奇心，吸引他們繼續閱讀？我對最成功的客戶忠誠度策略做了很多研究，答案可能會讓各位感到驚訝。

不幸的是，大多數公司只會注意產品或服務有什麼特點，並不關心可以為使用者帶來的好處。結果很多行銷活動搞得乾巴巴，一點感情都沒有，因為跟使用者沒有產生關聯性，不能讓人留下整體「印象」。各位可以這麼看：除非他們已經是公司產品或服務的客人，否則你這樣是無法說服他們，無法讓他們對你提到的功能或特點感到興趣。

只有善用情緒因素，才能變成讓人難忘的行銷吸引力。大家會忘記你說過什麼、你的產品做過什麼事，但絕不會忘記你為他們帶來什麼感覺。

真實可信

與人互動，必定要真實可信。如果只是想賣東西而虛情假意，那是行不通的，大部分的客人馬上會察覺不對勁。

如今的客人，消息也真是靈通到荒謬的地步。拜電腦網路和智慧手機所賜，一堆正義魔人永遠在尋求正確，碰上他們認為是鬼扯的東西馬上就會被肉搜、踢爆。

這表示我們提供的訊息，比過去任何時候都要更確實可信。千萬不要信口開河，說什麼五天見效。也不要再四處吹噓，說你發現什麼快速致富的新方法。我們必須找到更好的整體策略，不能只是攻擊競爭對手搞負面行銷。其實任何形式的強迫推銷或利用負面行銷，很快就會造成反效果。

葉提保冷（YETI Coolers）的行銷主管比爾．奈夫（Bill Neff）不管怎樣都不做強迫推銷和負面廣告。葉提的廣告不會吹噓自己的保冷器材有多好又多棒，而是專注在真正使用產品的客戶。也就是說，葉提是找真正的使用者來展示產品，這些真實故事讓人覺得這些保冷器材更加真實可信。

這個策略很簡單，而且效果非常好。

葉提要是花時間列出產品各種功能，那就搞得跟宣傳手冊一樣無聊。所以他們沒有那麼做，而是分享一些漁民釣客和冒險家的故事，瞄準觀望者及購買者搏感情，呼應他們追求戶外活動與冒險的願望。我們都喜歡聽故事、喜歡跟風，要是知道大家都喜歡這個產品，他們也更容易對它有興趣。

各位要是能夠利用自己提供的訊息和品牌建立社群，那麼你已經找到長期成功的鑰匙。感覺自己屬於某個團體或活動形式的客戶，會更熱衷邀請親朋好友加入。

葉提專注呈現真實客戶的真實故事，避免任何「欺騙性廣告」的感覺，不管你是不是已經買過葉提的產品，都會覺得如果要買就要找自己可以信任的公司。

分享你的企業宗旨

賽門．西奈克在他廣受歡迎的「ＴＥＤ」演講說過，在公布產品或服務之前，先跟大家分享企業宗旨更容易發揮影響力。[11]

他解釋，蘋果的產品發表會都是採用這個策略。他推敲說：「蘋果發送的行銷訊息要是跟別人一樣，像是：『我們做的電腦很讚喔！設計超精美，很好用又很友善。你要買一台嗎？』」會讓人覺得很無趣對吧？西奈克說大多數企業的溝通方式就是這麼無趣。它們從產品開始說明，也許還講到研發或製造過程，但通常不會提到宗旨。他們只會說：「我們是新的律師事務所，有最好的律師服務最大的客戶，維護客戶的權益！」或是「這是我們的新車，耗油里程數最長，還有真皮座椅！大家快來買！」

「但蘋果的溝通方式是這樣的，」西奈克說，「我們做的任何事情，都相信一定可以挑戰現狀！我們相信自己跟大家想的不一樣。我們的產品設計精美、易於使用而且非常友善，就是要挑戰現狀。所以我們做出超讚的電腦，要不要來一台？」

西奈克很聰明地發現，最好的領導者總是先從宗旨說起，然後才談到自

11 https://www.youtube.com/watch?v=kOC4xcCxnzg

己的產品。西奈克的演講很快爆紅，大家都在轉貼，觀看次數累積超過四千萬人次，於是也真的帶來文化上的變革，至少一些新興企業都有樣學樣，在每個籌資募款或行銷活動上劈頭就是一句「我們相信」。當然這不表示從宗旨開始說起就會成功，你還是要做出大家想要、能夠從中獲益的優良產品，但你要是能先考慮到客戶的種種需求，這種信念和思考方式的確會讓你比別人搶先一步。

各位如果想再深入研究這個主題，探索如何塑造更有意義的宗旨，我熱烈推薦大家仔細研讀賽門．西奈克的著作《先問，為什麼？》，也可以去他的網站看看：「startwithwhy.com」。

媒體中的情緒脈絡

打造出最理想訊息，對潛在客戶造成情緒影響，就該考慮要怎麼傳遞這個訊息。傳遞訊息的媒體本身，也會對客戶造成意識層面和潛意識上的影響，牽動客戶對公司的觀感。

蘋果公司在一九八四年著名的廣告，是選定在美式足球「超級盃」時段首播。這是美國最受矚目、全國為之激動瘋狂的比賽，大家原本就很期待會有讓人興奮的新廣告，所以都很注意這個訊息。這使得廣告威力憑空增加好幾倍。當年的廣告要是在情境喜劇《妙管家》（*Who's the Boss?*）的周二時段播出，你覺得發送的訊息也會有一樣的威力嗎？

當大家第一次聽到你的公司或你的產品時，你想對他們產生什麼影響？他們是從親朋好友或家人那兒聽到你的訊息嗎？還是透過廣播、看板、社群網站或者是電視廣告？你的訊息有沒有吸引人的影片或照片？客戶已經看到有好多朋友喜歡你的品牌嗎？

不管你是透過什麼管道傳遞訊息，整體的脈絡都很重要。

現在有些雜誌的最大訂戶其實是牙醫診所，所以你要是以雜誌廣告做主要管道，有些人看到廣告時可能跟某些負面情緒聯繫起來，比方說我個人就非常討厭去看牙醫。

我們現在就可以想想看：在你張嘴躺在那兒被整治一番以後，還會記得剛剛看到的廣告，會想去買那個東西嗎？如果你牙齒正痛著，大概不會想到這些吧！

當然我們也無法一網打盡，把所有狀況都考慮到，但總之要盡量釐清脈絡，才能抓住客戶的焦點。比方說，大家上臉書總是滑個不停，只有看到有趣的影片才會停下來。他們可能花幾秒鐘先看一下，再檢查這支影片有多長；你要是能吸引他們的注意，他們可能跳著看或直接看到完，這要看影片本身的長度。但是臉書上的照片，就會獲得完全不一樣的關注。我們看到那些照片，幾乎是在你手指滑掉之前，馬上就會有反應。有的照片或訊息讓我們覺得生氣，可能馬上就會回應批評表達不爽。

因此不管你認為哪個媒體最適合你發布訊息，都要先理解它所承載的情緒脈絡。

運用情緒架構訊息

在吸引觀望者和購買者的注意之後，請記住，不管你的用字遣詞多美妙、說理邏輯多清晰，都比不上比整體的情緒訊息重要。啤酒廣告要展示的是大家歡聚一堂、一起乾杯的美好時光，沒人注意口味有什麼不一樣、熱量高不高或罐子好不好看；廣告的真正訊息是，一起喝酒都是好朋友，歡樂倍增！

所以我們在迪士尼廣告上總是看到大家都在笑，那些專題式廣告也總是以黑白影像的沮喪用戶碰上令人挫折的問題開始，最後就變成獲得滿意解決的微笑用戶，而且是彩色的。這也是蘋果為何專注在使用產品的人，而不是產品本身。

他們其實都在說：「嘿，你也會有這種感覺喔！」

無視情緒的訊息

有時候明明是使盡吃奶力氣，企業還是會打出空包彈。

我記得二〇一七年微軟公司發表了一個觸控平板超薄筆電「Surface Pro」的廣告，以當時的好萊塢大片《環太平洋》（*Pacific Rim*）第二集的前製勘景為題材，展示這台筆電怎麼呈現3D模型、直接把模型嵌進現場拍攝的照片，技術人員在廣告中訴說要找到足夠空間安置兩百五十英尺高的巨大機器人有多難又多難。

廣告最後，螢幕上寫著：「有史以來最輕薄也最強大的『Surface Pro』」。但是從情緒角度來看，這個廣告在概念上完全失敗。除非你也從事電影勘景，不然根本看不懂廣告主角碰上什麼狀況，又怎麼會了解這台電腦能幫你做什麼。廣告訊息變成：這是少數專業人士的特殊工具。但就算你是音樂製作、攝影師或設計師等專業人士，除了一些特定功能之外，其他也跟你無關。

微軟的問題出在哪裡呢？它只忙著展示新機種的功能有多強大，完全忽略預期客戶會有什麼情緒反應。我們當然都會想到電影勘景和設計師有什麼不一樣的專業需求，但微軟也不呈現新筆電能為專業人員帶來什麼解決方案，或它可以增強哪些運算能力，反而希望潛在客戶可以自己做出結論，了解新筆電能帶給他們什麼幫助。

最近「彩虹糖水痘」（Skittles Pox）系列廣告更糟糕，在情緒上簡直是到了無知的地步。廣告中的主角把彩虹糖黏在臉上、身上，好像在出水痘一樣。然後旁邊的人走過，把彩虹糖拿下來吃掉。天啊！真是夠了！彩虹糖簡直就是把自己的商品當作是一種病。誰想要得病呢？他們怎麼會覺得這樣可以賣糖果？

服務步驟標準化

我們討論過觀望者如何轉變為購買者，再透過一些正確的訊息傳遞，讓購買者變成擁有者，但是我們要怎麼說服購買者都變成擁有者，而擁有者會再升級為參與者或推廣者？就像我們前幾章所說的那樣，客戶選擇和你的公司進行互動，就期盼能夠一直獲得優質服務。為了向客戶提供始終如一的優質服務，又能夠滿足每一次互動的個人化需求，我們要向麗思卡爾頓飯店的服務手冊取經學習。

麗思卡爾頓飯店從成立以來，就以頂級豪華飯店的體驗著稱。為了達到這個最高服務標準而且持續下去，它為將來全球各地的麗思卡爾頓飯店和渡假中心創立嚴格基準：「服務步驟」（Steps of Service）。這套服務步驟像是某種清單，讓員工在與任何客戶應對溝通時方便使用。其實這些步驟並不特殊也很容易做到，不管你是哪個員工或面對什麼客戶，都能夠一致地執行這些步驟，但執行步驟的同時又能保留足夠的靈活應變，滿足客戶不同的個人化需求。

麗思卡爾頓飯店的服務步驟其實只有三個：[12]

1. 熱誠歡迎。
2. 稱呼客人的名字。超前預見客人的需求並給予滿足。
3. 珍重再見。使用客人的名字，溫馨送客。

各位可以發現，這些步驟就是從公司宗旨「服務女士先生們的女士先生們」而來。

蘋果商店剛開始的時候，當時的零售部資深副總裁隆．強森（Ron Johnson）也希望蘋果店員跟麗思卡爾頓飯店一樣，有一套可長可久的服務標準，所以指示團隊也擬定自己的服務步驟。[13]各位看看有什麼相似之處。

1. Approach：以個性化的熱誠歡迎接近客戶。
2. Probe：有禮貌地試探，以了解客戶的所有需求。
3. Present：在客戶離開時都能提出一個解決方法。
4. Listen：注意傾聽並解決任何問題或疑慮。
5. End：最後是珍重道別並歡迎他們再度光臨。

有注意到的英文五步驟首字母剛好是「APPLE」吧！蘋果商店的店員在真正接待客人之前，要先花三天徹底熟悉每一步驟，再花三天演練步驟，同時吸收新產品和服務的各種資訊。

這些步驟有時可以快速推展，有時需要多花一點時間，有些步驟更是必須重複進行，才能真正了解客戶的需求。但不管與客人互動的時間長短，整體架構和對話本質都應該是維持一致的。所以客人一進來就知道自己可以獲得什麼樣的服務，員工也知道自己要提供什麼。過一段時間以後，這些步驟

12 http://www.ritzcarlton.com/en/about/gold-standards.
13 Carmine Gallo, "The Apple Store's Secret Sauce: 5 Steps to Making a Sale," *Inc.*, November 16, 2017.

也就不會再像是硬梆梆人為規定的「檢查清單」，會更像是員工與客戶對話時謹記在心的指導準則。

為了確保每個客戶都得到充分照顧，每次跟你的公司互動都能獲得一致的個人化體驗，我強烈建議各位擬定自己的服務步驟，或者委託專家協助。這些服務可適用於支援、銷售和客服部門，不管是透過電話、面對面，甚至是聊天對話都能應用。

同一種服務的不同體驗

不管你是否採用自己的服務步驟，大多數公司到了某個時候還是要直接與客戶互動。各位應該針對這種情況預先制定解決方案，規畫解決客戶需求的方式與程序，並在互動結束時提出相關辦法。以下比較兩家類似的線上服務企業，來說明兩種截然不同的方法：「Stitch Fix」和「Trunk Club」。

「Stitch Fix」是專做服飾造型穿搭顧問的網路服務，到最後會把全套服裝送到府上。客戶使用這項服務，必須先填寫一些跟時尚打扮有關的資訊，詳細說明服裝尺碼、對流行時尚的了解程度，以及樂意冒險嘗試的程度。在提供的個資中最重要部分是詢問客戶希望的造型類別：休閒風、商務派或專業人士等。然後，客戶就可以指定一個「fix」（就是公司說的一整套服飾）在一周內或什麼時間送到府上。服飾用品通常會用紙盒妥善包裝，裡頭附上造型設計師為你量身訂作的說明書，指導這些服裝飾品要如何穿戴和相互搭配。

這個服務很奇特的一點是，那些造型設計師其實都沒跟接受服務的客戶親自聯繫過。他們的關係比較像是筆友，而且他們只能從客戶提供的個人資料，或利用社群網站帳戶（例如Instagram或Pinterest）為參考，為客戶進行穿著建議。

另一家公司「Trunk Club」的服務也大致是如此，但是客戶體驗一開始就是造型設計師親自打電話或利用簡訊跟你連絡，而不只是要求客戶提供個人資料而已。整個過程都是透過手機或電話進行，由你個人的造型師記下重點，按照交談的資訊把服裝準備好。

基本服務跟「Stitch Fix」都一樣，但是使用者體驗不同，最後的客戶體驗也就不一樣。

那麼這兩家公司是如何確定客人都能獲得最合適的服飾規畫，也會對整個服務過程感到滿意呢？不論有沒有實際跟客戶說過話，公司是如何為每個客人創造快樂幸福呢？這兩個品牌都是要為客人解除服飾採購常常碰上的挫折感，找專業造型設計師來幫助客人做最好的穿搭建議。但前一家公司把重點放在衣服上，後一家則是穿衣服的人身上。

是的，有些客人比較喜歡「Stitch Fix」那種不必跟對方接觸的方法，但是「Trunk Club」才能在服飾裝箱出貨之前，先找出客戶的焦慮點並加以安撫。

觀察兩家公司哪個可以通過時間考驗，哪一家會做得更好，想必很有趣吧！

失控時怎麼辦

剛剛說了很多關於如何操作客戶體驗的方法，但萬一發生失控情事，要怎麼辦呢？企業對於危機事件會怎麼處理，一向就是誠信的最大挑戰。

我常常跟大企業的客戶支援部門合作，我勸大家在處理客人投訴時，要遵循兩條黃金法則。

第一條：要馬上讓對方知道你接受、承認他們的情緒。

有時候幽默可以幫助你做到這一點。

我有一次跟企業客服部門連絡，在電話線上等了好久，結果領會到一次最佳體驗。客服人員終於開始接聽我的電話，他早就知道我等好久了，所以很努力來安撫我的心情：

「感謝你打電話過來詢問。現在要麻煩你在線上繼續等候三天！」

我聽得出來這是真人來回應，不是電話錄音，所以我馬上就笑了起來。當然，這麼做其實是有點冒險，他也說這樣不一定會得到正面回應，不過我剛剛久候累積的挫折或不耐煩真的都消失了。他馬上向客人承認，讓客人等了很久，而且他的處理方式也同時消除了彼此的對立緊張。

第二條：搞定所有預期狀況。

我在第二章曾說過，驚訝對情緒有強化作用，憤怒更是如此。客人要是對某個過程或程序覺得受到不愉快的突襲，也許馬上就會火冒三丈，而且強度升高、時間拉長。但你如果預先掌握狀況，先提出警告或提醒意外的可能，讓他們做好心理準備，即使還是會生氣或悲傷，但負面情緒的強度會降低，而且持續時間也會縮短。

大家請記住，即使在緊張的情況下，驚訝效應也能促進正面情緒。在餐廳用餐的客人即使遭遇不愉快經驗，大概也不會有人對免費吃一餐感到生氣。這個快樂驚喜也許就能挽救你和客人的關係。

消解緊張

但不管你設計的體驗有多麼沉浸完善、令人愉悅，有些客人還是會有自己帶來的情緒包袱。在這種情況下，也許就要預先制定行動策略，幫助客人減輕情緒負擔，例如用幽默的小插曲來化解恐懼感。

比方說，航空公司可能最常碰上情緒化的客人。客人也許是討厭搭飛機、不喜歡坐在中間的位子，有些人甚至是害怕搭飛機，這時候都要靠航空業者發揮創意，幫助客人緩解搭飛機的心理壓力。我最喜歡的西南航空公司在這方面就厲害得出名，起飛前做檢查和廣播公告時都會利用幽默發言來減輕客人的精神負擔。我搭過好幾次班機的安全通告，是模仿卡通人物的聲音，用唱的或饒舌唸唱方式表演出來。

即使是在緊急狀況下，通告所傳達出來的情緒訊息也是跟資訊本身一樣重要，意識到這一點的航空公司並不多，但西南航空公司即是其中之一。各位可以想像一下，飛行途中要是空姐說這種話，你會有什麼感覺：

各位女士、各位先生！機長雖然關閉「繫好安全帶」的指示燈。為了確保大家的安全，我們還是要求各位在位子上坐好並繫上安全帶。大家都知道，恐怖分子常常會站起來，但我們現在沒有什麼方法可以阻止恐怖攻擊。

我光是寫這些話都會覺得有點焦慮，而我還只是坐在辦公桌前面趕稿而已。當然，空姐是絕對不會這麼說的，這樣加重乘客的負面情緒也實在是太不負責任。相反的，機上服務員只會努力讓我們覺得開心以減輕心理負擔，因為不管飛機是要飛去哪兒、也不管你個人對飛行有什麼感覺，只要機上有一位乘客覺得不安、不爽、不高興，這個負面情緒就可能散播開來，互相感染。

悲憫協助是關鍵

我常常跟大家說，在領導統御方面，我最愛做的事就是去面對生氣的客人。這不但讓我可以學到一些東西，而且大家在生氣的時候通常也最脆弱無備，我就有機會讓他們感覺變好，趁這個時候和他們建立更好關係。

客人現在會不高興不開心，往往是因為產品或服務沒有達到他們的期望。所以他們感到厭惡、憤怒、悲傷或恐懼。

但這些情緒並不是問題本身，它們都只是問題的結果。

千萬不要因為對方在生氣，所以你也跟著生氣。我們在第一章就討論

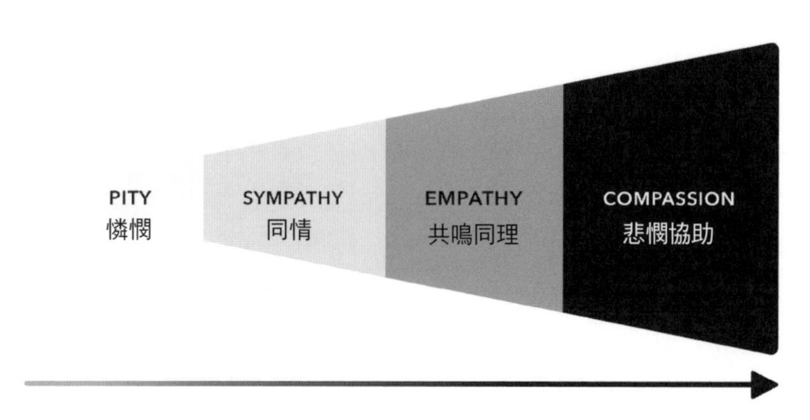

圖 8-1

過，憤怒是最容易傳播感染的情緒之一，員工如果生氣，冒火的客人更是火上加油，惡性循環一啟動就更加不可收拾。大家請記住，客人不是在生你的氣，讓他們生氣的是某個出錯的狀況，所以一定要學會抵抗誘惑，不要被憤怒牽著鼻子走。這時候要表現出來的是同情理解，一起面對。不只是覺得可憐、同情或共鳴同理，而是一起面對問題、悲憫協助。我解釋一下這裡頭的重要區別（如圖8-1）：

「憐憫」只是知道對方正在受苦。看到有人踢傷腳趾，心裡會想：「糟糕！」覺得他很可憐。

「同情」是關心對方正在受苦。看

到有人踢傷腳趾，你對他說：「我覺得很難過，你還好嗎？」

「共鳴同理」是理解那種痛苦、有相同感受。看到踢傷的腳趾，你說：「我知道你很痛，我也常常踢到腳，這一點也不好受！」

「悲憫協助」就是更進一步地一起面對、主動地憐憫，更積極地伸出援手，幫助對方減輕痛苦、解決難題。就像是在說：「我知道你的感受，我自己也碰過好幾次。我可以幫你做什麼嗎？」

為了確保不高興的客戶都能獲得真誠的悲憫協助，公司應該：1.僱用關懷他人、樂於解決問題的人；以及2.建立像是「服務步驟」的規範架構，在發生爭執衝突時可資依循，迅速處理。

蘋果就是透過預先擬定的「服務步驟」做到這一點。它先承認和接受客戶的情緒及關切點，情緒上和客戶站在一起，向客戶保證當天就能獲得處理，向前找到解決之路。所以各位有沒有發現，承認接受、一起面對再向客戶提出保證，其實就是由淺入深的情緒互動。

認識到客戶的情緒和關注點，讓你以同理心來理解客戶的困難，這意思是說：「根據你剛剛告訴我的，我已經了解這些狀況。」情緒上和客戶站在一起，是表示發生這種狀況，你跟他們一樣感到沮喪或挫折。讓他們知道你已經了解狀況，情緒上和他們共同面對，再來就要由你來引導，指示一條可以減輕痛苦的解決之道。客戶覺得你完全了解他們的難處，相信你採取行動會關照其最大利益，才會讓他們感到極大的紓解。

對於生氣客人的反應，最糟糕的是不問緣由、不查明原因，只是一味地卑躬屈膝，這甚至比你以怒還怒還要糟糕。**毫無理由的屈服只是想早早息事寧人，根本缺乏同理心也沒有同情心，更不會是以客戶利益為先。**用這種方式只求息事寧人，其實只是讓彼此的關係窒息。

讓擁有者變成參與者

在客戶成為擁有者之後，公司就要把焦點瞄準真正的目標：創造推廣者。我先說明一下，其實在那五段晉階中，大概任何一級都可以直接升級到推廣者，但從參與者再上一級到推廣者最是容易。

為了讓客戶從「擁有者」晉級到「參與者」，你一定要照顧到客人的情緒方面。我知道，大家一定又在問：「還是這樣啊？」

客人一定都買過許多東西，他們每天做的任何事情也幾乎都會使用到某個廠商的產品。他們睡覺時，躺著某家做的枕頭；他們做飯做菜，使用某家設計的烤箱爐具。這些產品都屬於某個品牌，每個品牌都希望客人變成忠實的追隨者，就算你只做烤箱爐具也會這麼想。

然而一個普普通通馬馬虎虎還可以用的烤箱，和一個客人最樂意推薦的烤箱，這其中的差別就是：在把商品賣給客人之後，公司會怎麼對待客人。

建立社群

普通的烤箱公司，大概就是東西賣出去以後，銀貨兩訖，彼此就沒關係了。除非它的電郵行銷清單也有你的信箱，否則一般的烤箱公司也不會想跟你聯絡。它才不在乎你要怎麼操作烤箱或對它有什麼感覺，甚至很可能烤箱發生故障，你都很難跟公司聯繫上。

但是厲害的烤箱公司認為，我們要做的是透過烹飪美食來創造終身幸福，賣你烤箱只是第一步而已。他們知道你用烤箱做了什麼好菜，使用後又有什麼感想，讓公司以後可以進行更新改善。他們會讓消費者很容易找到公司，和公司保持聯繫非常方便，也絕對不會有什麼障礙阻止你分享開箱文、使用文或任何經驗傳播。最重要的是，厲害烤箱公司會邀請所有厲害烤箱的主人，一起分享你的回饋意見、使用經驗和拿手菜食譜，從而建立一個從廚房新手到星級大廚一起共襄盛舉的社群。

我剛好就買到一家厲害烤箱公司的烤箱。這家公司叫「June」。June生產的爐具設備包括對流式烤箱、氣炸鍋、脫水烤箱、慢燉鍋、烤雞爐、烤麵包機和抽屜式加熱爐等，不過光是把七種功能全部整合到一台爐具上頭，還不是June最厲害的地方。我個人覺得，June最厲害的是它建立用戶社群的能力。我買了烤箱之後不久，就受邀參加June的臉書社群。我原本還有點擔心這只是June假裝跟大家搏感情，其實只是想做廣告促銷；但是我錯了，而且錯得很離譜！這個社群主要是有一群活躍而自豪的廚師在推動，他們常常貼文分享使用June烤箱做了什麼好菜。不管誰上來分享好經驗、提出疑問或是反應問題，June烤箱的客戶體驗主管朵麗都會出來回應，給予網友鼓勵或支持。而且出來回應的也不是只有她一個，其他June烤箱的爐主也會跳出來，提供做菜經驗。像我這種從來不能說有多熱愛美食的人，也一樣每天都會受到鼓舞，與一群陌生人溫馨互動，使用社群網友和June提供各種美食食譜，做點冒險新嘗試。

奇異家電（GE）和June烤箱的想法差異，就在於奇異家電認為，它跟產品的關係在賣給客戶之後就結束了。但June烤箱發現，它跟烤箱的關係雖然在賣掉之後可能結束了，但烤箱和客戶之間的關係卻是才剛開始。所以跟客戶保持聯繫，了解烤箱在客戶家的表現，知道現在有什麼優點、未來有何改進之處，這樣最是符合June的最大利益。如果只是把客戶加進電子郵件發送清單，就像房地產經紀人在你買完房子以後寄了一封電郵介紹附近地區。但這樣一封電郵能幹嘛呢？它恐怕無法幫助新屋主在未來幾年享受快樂新生活，但要是建立一個互動頻繁的社群，就可以把新屋主介紹給附近的鄰居。

創造推廣者

各位要是去調查客戶怎麼知道你公司的產品，答案大概可以分成兩大類：廣告和口碑推薦。這兩者有什麼差別呢？

1. 廣告要花錢，口耳或文字相傳不用。
2. 廣告要面向一般大眾，口碑推薦可以針對個別消費者。
3. 廣告往往自賣自誇，口碑來源通常可信賴。

所以推廣者才是各位成長的最大助力！這些客人曾經觀望猶豫，但在某個時候因為你的企業宗旨、員工、產品、服務或社群，幫助他們，讓他們的生活更加豐盛富裕，所以他們忍不住要跟全世界分享他們的經驗和感謝。

那麼，要建立一個大家都會喜歡而且樂於推薦給親朋好友的企業或生意，有什麼祕訣呢？大家都有答案了：就是情緒。

各位，你如果想贏得客人的芳心，你說的話就要讓他們的心聽進去。不要想靠什麼神奇的資料數據或功能，就能激發這些人來愛你或你的產品。你要全力關注他們人性的一面，關注那些可以讓他們覺得高興的方法。如此一來，你的員工和你的客戶才會信任你、佩服你。

結語

最後，珍重再見！

謝謝大家，本書到此結束。你覺得怎麼樣？

到此結束，你覺得難過嗎？還是擔心自己不知道要怎麼進行？各位買了這本書，你覺得滿意嗎？還是覺得很火大，覺得我只是明知故問，說些老生常談？

不管各位覺得怎樣，我都要感謝大家賞光閱讀。我堅定相信，人都有互相幫助、相互扶持的本能。這是你的公司得以存在的原因，是你的員工樂意工作的原因，也是你的客戶願意購買的原因。而這也是我為什麼要寫這本書的原因。

這本書對各位，也許有幫助、也許沒有，我都很想聽聽大家的意見和看法。歡迎各位直接寄電子郵件給我：hello@kylemk.com

在最後的總結之前，讓我們再一次讚賞人類的情緒力量。

不管我們覺得快樂、悲傷、厭惡、恐懼或憤怒，我們的情緒都會跟周圍的人一起分享。就算我們不說話，也必定擁有透過臉部表情、肢體語言和各種動作來傳達自己感受的天生能力。情緒讓我們可以彼此交流，不管我們說的是什麼話，甚至有沒有說話都可以。情緒是我們人類得以代代相傳，倖存下來的原因，而人類長期失敗或成功的唯一因素，也非情緒莫屬。

不論從哪個方面來看，我們做的任何事情都來自情緒。情緒敦促我們解決問題；情緒吸引我們展開冒險；情緒讓我們樂於互相幫助；情緒帶來每一次歡慶、每一段關係、每一場戰爭、每一次猶豫；情緒讓我們建立家庭、結交新朋友；情緒讓我們想要去創造；情緒也讓我們想去破壞；情緒帶來每一次探索，情緒也帶來每一次孤僻退縮；情緒讓我們去建造和購買；情緒讓我們開懷歡唱、情緒讓我們屏氣斂聲；情緒帶來我們的宗教、我們的規則、我們的權利；情緒驅迫我們勇敢戰鬥、情緒讓我們寬大為懷；情緒讓我們手舞足蹈；情緒讓我們想去約會；情緒讓領導者充滿熱情、情緒讓父母憂心恐懼、情緒讓孩子追求理想；情緒帶來我們的希望、我們的夢想、我們的信念和我們的傳統；情緒鼓動每一項事業和創新；情緒驅動我們的政府和社區；情緒鼓動萬事萬物，也不會耗盡力氣。

我們在人類史上取得的每一個進步都是來自情緒，這是古往今來所有人的共同語言。

推薦書單

以下是我推薦給大家閱讀的書單，本書的發想、構思和完成也是拜它們所賜。

▼《淡藍色的小圓點》卡爾・沙根

（*Pale Blue Dot* by Carl Sagan）

▼《心理學家的面相術》保羅・艾克曼

（*Emotions Revealed* by Dr. Paul Ekman）

▼《心的自由》達賴喇嘛&保羅・艾克曼

（*Emotional Awareness* by the Dalai Lama and Dr. Paul Ekman）

▼《邁向全球的悲憫》保羅・艾克曼

（*Moving Toward Global Compassion* by Dr. Paul Ekman）

▼《情緒之書》蒂芬妮·史密斯
（*The Book of Human Emotions* by Tiffany Watt Smith）

▼《先問，為什麼？》賽門·西奈克
（*Start with Why* by Simon Sinek）

▼《設計的心理學》唐納·諾曼
（*The Design of Everyday Things* by Don Norman）

▼《情感@設計》唐納·諾曼
（*Emotional Design* by Don Norman）

▼《歡迎光臨》迪士尼協會&西奧多·基尼
（*Be Our Guest* by Disney Institute with Theodore Kinni）

▼《終極問題2.0版》佛列德·萊希懷&羅伯·馬奇
（*The Ultimate Question 2.0* by Fred Reichheld with Rob Markey）

▼《從0到1》彼得·提爾&布雷克·馬斯特
（*Zero to One* by Peter Thiel with Blake Masters）

▼《情緒跟你以為的不一樣》麗莎·巴瑞特

（*How Emotions Are Made* by Lisa Feldman Barrett）

▶《後臺的祕密》道格・李普

（*Disney U* by Doug Lipp）

▶《全心待客》丹尼・梅爾

（*Setting the Table* by Danny Meyer）

▶《獅與冠的傳奇》約瑟夫・米其里

（*The New Gold Standard* by Joseph A. Michelli）

這本書從最初手稿到到最後成書，篇幅刪減很多，內容雖然簡化，但也更加聚焦。雖然是這樣，我還想跟大家分享很多無法收錄書中心得和看法。各位要是有興趣，想更深入研究「情緒經濟學」，歡迎在部落格平台「Medium」追蹤我的網頁「@kylemk」，或直接點閱「blog.kylemk.com」。

國家圖書館出版品預行編目（CIP）資料

情緒經濟時代：如何打造人見人愛的商業模式/
凱爾・MK (Kyle M.K.)作；陳重亨譯.
-- 初版. -- 臺北市：今周刊, 2021.05
272 面；14.8×21 公分. -- (Unique系列；54)
譯自：THE ECONOMICS OF EMOTION: How to Build
a Business Everyone Will Love
ISBN 978-957-9054-84-3(平裝)

1.商業管理 2.企業經營 3.策略規劃

494.1 110003716

Unique 系列 054

情緒經濟時代
如何打造人見人愛的商業模式

THE ECONOMICS OF EMOTION: How to Build a Business Everyone Will Love

作　　者　凱爾．MK（KYLE M.K.）
譯　　者　陳重亨
副總編輯　鍾宜君
主　　編　李志威
行銷經理　胡弘一
行銷主任　彭澤葳
封面設計　張巖
內文排版　菩薩蠻數位文化有限公司
校　　對　許訓彰、李韻、李志威

發 行 人　梁永煌
社　　長　謝春滿
副總經理　吳幸芳
副 總 監　陳姵蒨

出 版 者　今周刊出版社股份有限公司
地　　址　台北市中山區南京東路一段96號8樓
電　　話　886-2-2581-6196
傳　　真　886-2-2531-6438
讀者專線　886-2-2581-6196轉1
劃撥帳號　19865054
戶　　名　今周刊出版社股份有限公司
網　　址　http://www.businesstoday.com.tw

總 經 銷　大和書報股份有限公司
製版印刷　緯峰印刷股份有限公司
初版一刷　2021年5月
定　　價　360元
I S B N　978-957-9054-84-3

U
unique

unique

unique

U
unique